绿色环保光催化功能材料的发展历程及趋势导论

周 尧　党振华　编著

中国海洋大学出版社
·青岛·

图书在版编目（CIP）数据

绿色环保光催化功能材料的发展历程与趋势导论 / 周尧编著；党振华编著. —青岛：中国海洋大学出版社，2024.5

ISBN 978-7-5670-3842-4

Ⅰ. ①绿… Ⅱ. ①周… ②党… Ⅲ. ①光催化—功能材料—无污染技术—研究 Ⅳ. ① TB383

中国国家版本馆CIP数据核字（2024）第082558号

出版发行 中国海洋大学出版社
社　　址 青岛市香港东路23号　**邮政编码** 266071
网　　址 http://pub.ouc.edu.cn
出 版 人 刘文菁
责任编辑 孟显丽　**电　话** 0532-85901092
印　　制 日照日报印务中心
版　　次 2024 年 5 月第 1 版
印　　次 2024 年 5 月第 1 次印刷
成品尺寸 170 mm × 230 mm
印　　张 9.25
字　　数 133千
印　　数 1~700
定　　价 46.00元
订购电话 0532-82032573（传真）

PREFACE 前言

在当今这个挑战与机遇并存的时代，绿色环保已经成为全球关注的议题。我们正面临气候变化、能源短缺和环境污染等重大挑战。为了实现可持续发展的目标，我们迫切需要探索新的解决方案，将资源的有效利用与环境的保护相结合，以应对这些挑战。

绿色环保光催化功能材料，凭借其独特的优势和广阔的应用前景，已经引起了全球科学家和工程师的广泛关注。该技术的核心原理是利用光能激发化学反应，实现环境污染物的高效降解以及能源的可持续转化。随着科学研究的深入和相关技术的快速进步，绿色环保光催化功能材料在多个领域展现出了其巨大的应用潜力。

本书致力于系统性地介绍光催化技术的发展历程、趋势以及应用前景，为读者提供一个全面而深入的视角。书中详尽探讨了绿色环保光催化功能材料的发展历程、分类、特性、制备技术、性能评估以及当前面临的主要研究挑战和未来的发展方向。我们力求以简洁明了的方式阐述复杂的科学问题和技术原理，并结合实践经验与案例分析，帮助读者深刻理解绿色环保光催化功能材料的内涵与发展脉络。

由于作者水平有限，书中肯定存在不足之处，恳请广大读者提出宝贵的意见和建议，以便我们不断改进和完善。

编者

2024.2.20

CONTENTS 目录

第1章 绿色环保光催化功能材料概述 …… 001

1.1 光催化反应机理 …… 001

1.1.1 光催化作用机制 …… 002

1.1.2 催化剂的能带结构 …… 003

1.2 光催化反应的分类 …… 005

1.2.1 植物的光合作用 …… 006

1.2.2 微藻的光合作用 …… 006

1.2.3 多相粉末光催化与均相分子光催化 …… 007

1.2.4 光电催化 …… 010

1.3 绿色环保光催化功能材料的发展历史 …… 010

1.3.1 早期光催化研究的里程碑 …… 010

1.3.2 近期光催化的主要研究领域 …… 011

1.4 绿色环保光催化功能材料在环境保护领域中的应用 …… 013

1.4.1 在环境修复中的应用 …… 013

1.4.2 在清洁、能源与环境传感中的应用 …… 013

第2章 绿色环保光催化功能材料的分类及其特点 …… 015

2.1 半导体光催化材料 …… 016

2.1.1 TiO_2的来源与类型 …… 016

2.1.2 TiO_2的电子结构 …… 017

2.1.3 TiO_2的价带弯曲 …… 018

2.1.4 半导体光催化功能材料的特点 019
2.2 元素复合光催化材料 019
2.2.1 金属氧化物复合光催化材料 020
2.2.2 金属－半导体复合光催化材料 020
2.2.3 金属有机框架光催化材料 021
2.2.4 元素复合光催化材料的特点 022
2.3 有机光催化材料 023
2.3.1 光催化 COF 的设计原则 024
2.3.2 光催化 COF 模块的构建 025
2.3.3 模块间的连接 027
2.3.4 有机光催化材料的特点 027
2.4 纳米结构光催化材料 028
2.4.1 石墨烯纳米结构光催化材料 029
2.4.2 氮化物纳米结构光催化材料 030
2.4.3 MXene 纳米结构光催化材料 031

第 3 章 绿色环保光催化功能材料的制备方法 033

3.1 半导体光催化材料的制备方法 033
3.1.1 固相法 034
3.1.2 气相法 034
3.1.3 液相法 035
3.2 元素复合光催化材料的制备方法 038
3.2.1 溶剂热合成法 039
3.2.2 微波加热法 040
3.2.3 超声合成法 041
3.2.4 电化学合成法 041
3.2.5 机械化学合成法 042

3.2.6 其他合成法 …… 043
3.3 有机光催化材料的制备方法 …… 043
3.3.1 溶剂热合成法 …… 043
3.3.2 微波合成法 …… 045
3.3.3 机械化学合成法 …… 045
3.3.4 声化学合成法 …… 046
3.3.5 离子热合成法 …… 047
3.3.6 其他合成方法 …… 047
3.4 纳米结构光催化材料的制备方法 …… 048
3.4.1 石墨烯纳米结构光催化材料制备方法 …… 048
3.4.2 氮化物纳米结构光催化材料制备方法 …… 052
3.4.3 MXene 基纳米结构光催化材料制备方法 …… 056

第4章 绿色环保光催化功能材料的性能评价 …… 058

4.1 光催化活性评价 …… 059
4.2 吸光性能评价 …… 060
4.3 载流子分离和传输性能评价 …… 061
4.4 稳定性能评价 …… 062
4.5 选择性能评价 …… 063
4.6 表面积和结构评价 …… 064
4.7 资源可持续性评价 …… 065

第5章 绿色环保光催化功能材料当前主要研究领域与挑战 …… 067

5.1 污水处理和水净化 …… 068
5.1.1 半导体光催化材料用于污水处理 …… 068
5.1.2 MXene 基纳米结构光催化材料用于污水处理 …… 069

5.1.3 MOF 基光催化剂用于污水处理 ······ 076
5.2 CO_2 的光催化还原 ······ 082
5.2.1 半导体光催化材料用于 CO_2 还原 ······ 083
5.2.2 MXene 基光催化剂用于 CO_2 还原 ······ 083
5.2.3 MOF 基光催化剂用于 CO_2 还原 ······ 086
5.3 光催化制氢 ······ 087
5.3.1 半导体光催化用于制氢 ······ 087
5.3.2 CN 基光催化材料用于制氢 ······ 088
5.3.3 硫化物基光催化材料用于制氢 ······ 089
5.4 光催化材料用于空气净化和杀菌消毒 ······ 091
5.4.1 空气净化 ······ 092
5.4.2 杀菌消毒 ······ 092
5.5 机遇与挑战 ······ 094
5.5.1 TiO_2 光催化材料面临的挑战与机遇 ······ 094
5.5.2 MOF 基光催化材料面临的挑战与机遇 ······ 095
5.5.3 MXene 基光催化材料面临的挑战与机遇 ······ 097
5.5.4 氮化物基光催化材料制备的难点与未来发展方向 ··· 098

第 6 章 绿色环保光催化功能材料在未来的发展趋势与展望 ··· 099
6.1 新兴光催化材料的研究方向 ······ 099
6.1.1 当前研究领域的发展 ······ 099
6.1.2 人工智能与光催化材料 ······ 100
6.2 潜在应用领域的扩展 ······ 101
6.3 可持续发展与绿色经济的关系 ······ 102

参考文献 ······ 104

第1章

绿色环保光催化功能材料概述

绿色环保光催化功能材料是一类在光照条件下能够展现催化活性的独特材料。它们能够吸收光能，并借助激发态的电子和空穴参与氧化还原反应，从而推动化学反应的进行。这些材料有着卓越的光催化性能，在环境保护、能源转换和有机合成等多个领域展现出了巨大的应用潜力。光催化反应涉及光能的吸收，激发催化剂材料表面的电子和空穴，形成电子-空穴对。这些电子和空穴在催化剂表面分离并移动，参与到氧化还原反应中。常用的绿色环保光催化功能材料包括金属氧化物和半导体材料，它们的能带结构和表面特性对于光催化反应的效率和选择性起着决定性作用。

本章将对光催化反应的原理、绿色环保光催化功能材料的发展历程，以及它们在环境保护领域的应用进行简要介绍。

1.1 光催化反应机理

光催化反应是一种借助光能激发催化剂表面化学反应的过程。在这一过程中，催化剂吸收光能，促使内部电子发生跃迁，生成电子-空穴对并参与化学反应。光催化反应不仅提高了化学反应的效率，还因其环境友好性和可持续性而备受关注。通过深入探讨光催化反应的基本原理，我们可以更好地掌握并改进这一技术，以实现其更广泛的应用。

1.1.1 光催化作用机制

以 TiO_2 光催化功能材料利用光催化反应降解污染物为例，光催化过程可以分为五个主要阶段[1]：

（1）光催化剂表面吸附周围环境中的目标底物；

（2）吸收光子能量大于光催化剂带隙（BG）能量的光，并在光催化剂体相中产生光生电子－空穴对（h^+）；

（3）光电子 e^- 和 h^+ 迁移到光催化剂表面参与氧化还原反应；同时，光催化剂表面和内部的一些光生载流子进行重新组合；

此三个阶段可以用下面反应式描述：

$$TiO_2 \xrightarrow{h\nu} h^+ + e^-$$

$$h^+ + H_2O \longrightarrow \cdot OH + H^+$$

$$h^+ + OH^- \longrightarrow \cdot OH$$

（4）在价带（VB）和导带（CB）中的 h^+ 和 e^- 将吸附在光催化剂表面的 H_2O 和 O_2 分别氧化还原为羟基自由基（$\cdot OH$）和过氧阴离子自由基（$\cdot O_2^-$）。同时，污染物可以被降解为小分子（例如 H_2O 和 CO_2）；

（5）被降解的小分子从界面解吸到本体溶液中，继续进行光反应。

后面两个阶段可以用下面反应式描述：

$$e^- + O_2 \longrightarrow \cdot O_2^-$$

$$O_2^- + H^+ \longrightarrow HOO\cdot$$

$$2HOO\cdot \longrightarrow H_2O_2 + O_2$$

$$e^- + H_2O_2 \longrightarrow \cdot OH + OH^-$$

载流子催化是光催化反应的核心步骤。在光吸收后，激发的电子和空穴会在催化剂内部进行运动，进而在催化剂表面发生氧化还原反应。这些载流子可以参与吸附溶液中的底物分子，并导致化学反应的发生。光催化反应的反应机理示意如图 1-1 所示。

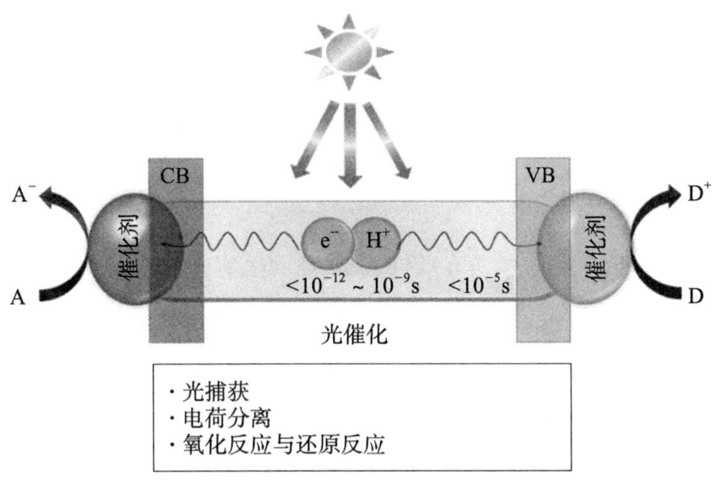

图 1–1　半导体光催化剂上的光催化反应机理[2]

1.1.2　催化剂的能带结构

催化剂的能带结构是决定光催化反应性能的关键因素。催化剂的能带结构由导带和价带组成。导带位于高能级，价带位于低能级，两者之间存在带隙。催化剂的材料和结构决定了带隙的大小。一般来说，催化剂的带隙越小，吸收光的范围就越广。当催化剂吸收光能时，电子从价带跃迁至导带，形成电子–空穴对。这个过程需要光子的能量大于或等于带隙的能级差。

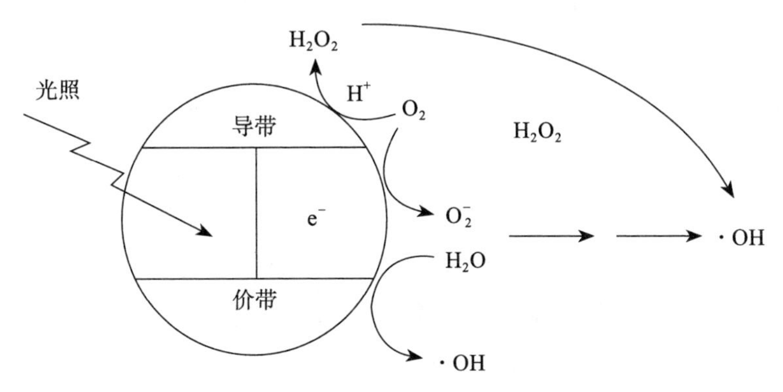

图 1–2　光催化剂能带结构与自由基形成过程示意图

根据普朗克关系式可以计算催化剂的激发光波与带隙的关系：吸收波长阈值 $\lambda = hc/Eg = 1\,240/Eg$，$h$ 是普朗克常量；c 为光的真空速度；Eg 半导体带隙，单位为 eV。比如 TiO_2 带隙为 3.2 eV，决定了它们只能吸收波长小于 400 nm 的紫外光，太阳光中的紫外光占比比较小，所以不能利用太阳光，故而带隙不可以过大。

催化剂的能带结构还与其表面性质相关。在催化剂表面，存在着氧化物或水分子等吸附物，它们能够与光激发的电子或空穴发生反应。这种表面反应是光催化反应的关键步骤之一。催化剂在催化过程中与反应物相互作用的位置通常是其表面，因此表面性质对催化反应具有重要影响。以下是催化剂的能带结构与表面性质之间的关联。

（1）表面态：催化剂的表面可能出现与体相不同的表面态或表面离子态。这些表面态可以是表面氧化物、表面酸站点、表面金属离子等，它们能够在催化反应中吸附和转移反应物的电子或原子。催化剂的表面态常常与其能带结构中的表面位置相关，影响电子传输和反应活性。

（2）吸附位点：催化剂的表面具有各种吸附位点，其中一些位点具有特定的活性。吸附位点通常由催化剂的晶格结构或表面缺陷决定。通过调控吸附位点的类型和密度，可以调节催化剂对反应物的吸附能力和反应活性。

（3）能带弯曲和能量垒：催化剂表面的曲率、变形或缺陷可能引起催化剂能带结构的弯曲和能量垒的变化。这些变化可以影响催化剂对反应物的吸附、电子转移和反应速率等表面反应步骤。

（4）反应活性中心：催化剂的能带结构可能在表面上形成一些特殊的反应活性中心，例如，具有较窄能带隙的金属离子或介观或纳米尺寸的金属团簇。这些反应活性中心具有较高的活性和选择性，并被广泛应用于催化反应中。然而，催化剂的能带结构虽然决定了它能吸收光能的特性，但类似于半导体催化，光催化的效率还取决于目标底物的氧化还原电位。[3]

因此，通过调控催化剂表面的化学组成、晶格结构、缺陷和形貌等特征，可以有效地调整催化剂的能带结构和表面性质，以实现高效、选择性的催化反应。

1.2　光催化反应的分类

依据光催化反应的反应主体和条件的不同，可以将光催化反应分为四类（图 1–3）[4]：植物的自然光合作用、微藻的光合作用、纳米粒子光催化、光电催化。在植物的自然光合作用中，自然光合作用是最成功的光催化。这是大自然数十亿年进化的巧妙结果，这一过程一直是能源供应的主要来源，碳水化合物是这些反应的主要产物。图 1–3B 显示了该反应的一个变体，其中微藻进行的光催化反应与植物中的光催化反应类似，但合成了独特的化学物质，如 H_2 或其他化学物质（如乙醇、丁醇、甘油和异戊二烯）。[5]

A. 植物的自然光合作用；B. 微藻的光合作用；
C. 纳米粒子光催化作用；D 光电催化作用

图 1–3　光催化反应的类型

人工光合作用系统存在着大量的变化，可以分为两类，如图 1–3C 和 1–3D 所示。当还原和氧化反应没有被有意地分离时（图 1–3C），就得到了一种具有固有低成本优点的系统。注意，涉及多相和均相催化剂的反应都可以包括在这一类中。另一种竞争策略是物理分离还原位点和氧化位点。最后一种策略的有线版本如图 1–3D 所示。但是电线不是必需的。背靠背的无线配置也属于这一类，图 1–3C 和图 1–3D 的一个关键区别特征是还原位点和氧化位点是否在物理上分开了一个合理的距离（大于几百纳米）。

1.2.1 植物的光合作用

在植物光合作用中，阳光传递的能量被叶绿素吸收，为二氧化碳和水转化为碳水化合物提供动力，同时产生氧气。它为生命生产食物（直接或间接通过动物产品）、氧气和热能。这一过程是大多数化石燃料、煤炭、石油和大部分天然气的最终能源供应来源。植物光合作用也代表了大气中二氧化碳减少的主要机制，平衡了全球变暖效应。实际上，考虑太阳光谱的广泛性，植物在转换和储存太阳能时，通常仅利用其中一小部分能量。若将这些能量按季节和昼夜平均计算，我们会发现植物的整体能量转换效率很少超过 1%，这表明还有很大的提升潜力。为满足能源要求，我们应避免过分依赖植物光合作用，因为这会引发与粮食生产相关的土地竞争，带来灌溉需求和土地黑化等高成本环境问题。

1.2.2 微藻的光合作用

与植物不同，微藻是一种没有根、茎、叶的单细胞微生物；它们为系统工程提供了一个机会，专注于产品，而不必与组织形成等寄生过程共享收获的太阳能。此外，微藻可以存在非耕地和（或）海洋环境盐水中和废水中，而不仅仅是淡水，这使得它们可以直接被纳入生产系统。由于这些优势，基于微藻的光合作用技术有望得到进一步的发展和应用。基于微藻的光合作用研究最多的应用是利用阳光和 H_2O[6] 产生 H_2，这是因为许多微藻可以通过基因工程来促进氢的代谢。来自光系统Ⅱ的电子（作为水氧化的结果）被氢化酶接受，直接还原氢离子以产生氢气。[7] 事实上，基因工程的便利性使微藻成为光合作用的多功能平台。例如，不同的合成酶基因可以通过异源转化在微藻中表达以生产异戊二烯。

1.2.3　多相粉末光催化与均相分子光催化

1.2.3.1　多相粉末光催化

光催化的应用之一是将光催化剂悬浮在溶液中，然后将光照射在其上。通常，光催化剂是纳米级颗粒。在这种系统中，每个光催化剂纳米粒子都可以被看作是一个由短路的光阳极和光电阴极组成的集成系统。然而，这种简单性也带来了重大的挑战，其中最大的问题是效率低。效率低的原因包括严重的电荷重组。[8]

还原和氧化位点的近距离为还原中间体和 / 或产物被氧化提供了充足的机会，反之亦然。此外，氧化性和还原性产物（如 O_2 和 H_2）的混合物引起了相关人员对安全性的担忧。将光催化剂的尺寸保持在纳米级是有益的。Domen 等（2011 年）假设光催化剂为球形，计算了光子吸收和光催化剂尺寸之间的关系。[9] 对波长为 280 ~ 600 nm 的光子，采用 AM 1.5G 光强进行估计。随着光催化剂直径的增大，每秒钟撞击光催化剂的光子数也随之增大，光子撞击的时间间隔更小。例如，直径 50 nm 粒子的光子撞击的平均时间为 5.6×10^{-1} μs；对于直径 5 μm 的粒子，则为 5.6×10^{-5} μs。此外，从减少体复合的角度来看，光催化剂越小，颗粒体内的晶粒 / 晶界就越少。因此，颗粒体重组就越少，小尺寸光催化剂带来的好处越容易被与小尺寸相关的问题所抵消。较小的颗粒更容易聚集，这就造成了悬浮性差的问题。小颗粒固有的高表面积也意味着更大的表面重组。关于光催化活性如何依赖于光催化剂尺寸的期望，已经通过对 TiO_2 的原型研究得到了证实。[10]

基于颗粒的光催化的改良是将光催化剂固定在载体上，[11] 这是一个解决与纳米级光催化剂的去除 / 回收有关的策略。光催化剂的去除很重要，但如果其去除太困难或价格太昂贵，或两者兼而有之，这些问题尤其重要。此外，光催化剂颗粒在光源附近的光散射限制了光在悬浮系统溶液中的渗透，导致光催化剂利用率不足。在固定化粉状光催化体系中，底物不一定要参与光催化反应。它只能作为一种支持。该策略不仅有利于在液体溶液中进行光催化，而且为在气相中进行光催化提供了可能性。例如，TiO_2 光催化剂被固定在具有高开孔结构的 β-SiC 泡沫上，有利于 TiO_2 的负载量的提高和气相光催化反应的进行。[12]

1.2.3.2 均相分子光催化

就光催化而言，吸收光的催化单元也可以是溶解在水（或其他介质）中的均相分子（图 1-4），分子光催化剂（Pcat）可被促进到激发态（Pcat*）。[13]典型的结果是电子从最高占据分子轨道（HOMO）被激发到最低未占据分子轨道（LUMO），类似于半导体固体光催化剂中电子从价带激发到导带。激发态（Pcat*）既是强还原剂又是强氧化剂。理想情况下，它可以驱动完全氧化还原反应，如水分解。在现实中，牺牲猝灭剂（Q）通常是必要的，以产生还原性猝灭的还原态 $Pcat^-$ 和氧化态 Q^+，或氧化猝灭的一对 $Pcat^+$ 和 Q^-。在前一种情况下，还原的化合物 $Pcat^-$ 与反应物相互作用。在后一种情况下，$Pcat^+$ 将反应物氧化成更高的氧化态。这种系统的一个很好的例子是多金属氧酸盐，它被作为水氧化、有机污染物降解和去除水中金属离子。均相光催化剂的另一个例子是金属配合物，如 $Re(CO)_3(bpy)^+$ 基配合物，它们同样已被用于光催化 CO_2 还原。$[Ru(bpy)_3]^{2+}$ 家族配合物也被用于水氧化。[14, 15]然而，在均相光催化剂得到更广泛的应用之前，至少有三个重要的挑战。第一，光催化剂的溶解度使其难以在反应后从溶液中分离出来，用于重复使用或纯化产物，或两者兼而有之。第二，具有明确的 HOMO-LUMO 分离的均质分子通常吸收狭窄波长的太阳光谱。例如，由于 HOMO 和 LUMO 之间的巨大分离，大多数多金属氧酸盐仅吸收 5% 的太阳光。[16]第三，均相光催化剂的光催化活性和稳定性受到其结构固有的分子性质的不稳定性的限制。[17]近年来，人们一直致力于通过吸附、接枝或静电相互作用将均相光催化剂异质化到固体衬底（如 TiO_2、SiO_2 和 $g-C_3N_4$）上，以获得更好的性能。在这种固定策略中，分子光催化剂作为额外的光吸收剂或具有活性中心的共催化剂，或两者兼而有之。

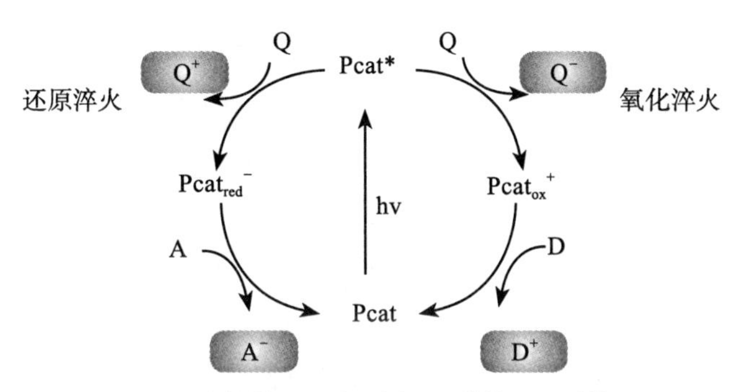

Pcat: 光触媒，Q: 猝灭剂，D: 供体，A: 受体

图 1–4　均相光催化剂的光氧化还原催化

1.2.3.3　全反应与半反应

大多数光催化反应都是氧化还原反应，即系统中存在氧化剂和还原剂。就像在许多均相和粉状非均相光催化系统中的那样，虽然氧化剂和还原剂可以共存或者很好地分离，但完整的反应需要两者都发挥预期的作用；否则，整体反应将不平衡，因此是不可持续的。以水分解为例，在简化形式中，H_2O 同时被氧化和还原，生成还原物 H_2 和氧化产物 O_2。在许多光催化系统中，特别是基于纳米粒子的系统中，氧化和还原位点往往未知。缺乏详细的信息是全光催化水分解效率低的重要原因。毕竟，同时平衡两种根本不同类型的反应的热力学和动力学是极其困难的。通常的做法是引入牺牲试剂，要么提供电子，要么提供空穴，以促进整个反应。例如，醇经常被用作牺牲还原剂，为研究光催化 H_2 生成提供电子这种方法规避了与 OER 析氧反应相关的挑战。同样，电子清除剂如 $AgNO_3$ 也常被用于 OER 的研究。[18] 在典型的光化学研究中，化学氧化剂也被用来代替光敏剂，使化学过程在没有光的情况下得以进行。这里需要注意的是，许多研究将这些取代反应称为“太阳能制氢”几乎已经成为一种常见的做法。

1.2.4 光电催化

光电催化也被称为光电化学（PEC），该方法的实质是将非均相光活性催化剂与电化学装置相结合。这种方法有几个明显的优点。首先，通过分离还原和氧化位点，PEC 极大地限制了与产品交叉相关的问题的影响。因此，效率比简单的粉末光催化高得多。其次，电荷数（电流）及其相对能量（电压或电势）的定量测量提供了对支撑光催化剂功能的原理的思路。从这个角度来看，PEC 不仅是一种用于实际光催化的工程设计，而且是一种光催化剂的表征工具。在电化学方面取得的许多进展可以很容易地被用来定量地表征光催化剂。PEC 技术的使用有利于收集大量的热力学和动力学信息。

1.3 绿色环保光催化功能材料的发展历史

1.3.1 早期光催化研究的里程碑

光催化功能材料的发展历史可以追溯到 20 世纪初。以下是一些重要的里程碑事件：

（1）1921 年，De Haas 首次提出了利用光照激活催化剂促使化学反应发生的观点，开启了光催化研究的先河。

（2）1967 年，“本多－藤岛效应”（Honda–Fujishima Effect）由东京大学的藤岛昭（被誉为“光催化之父”“光触媒”的发现者）与其导师本多健一共同发现。该发现掀开了光催化研究的新篇章。

（3）20 世纪 70 年代，光催化材料的研究主要集中在传统半导体材料，如二氧化钛（TiO_2）的应用。研究人员对其表面及能带结构进行了深入研究，并发现其在光催化反应中的高效性。

（4）1972 年，东京大学的藤岛昭教授与本多健一教授共同发表了一项开创性研究，他们以 TiO_2 作为光电极，结合铂电极，构建了一种光电化学系统，成功将水分解为氢气和氧气。这项研究标志着半导体光催化领域的诞生。最初，该领域的研究主要集中于光电化学太阳能的转换技术，但随后，研究的重点逐渐转向了环境光催化的应用。

（5）1977 年，Frank SN 等人首次证实了使用半导体 TiO_2 作为催化剂，通过光催化过程降解水中的氰化物是可行的。这一发现使得光催化氧化技术在环境保护领域的应用迅速成为研究的热点。

（6）进入 20 世纪 80 年代，科研人员通过在 TiO_2 上沉积 Fe_2O_3，成功实现了氢气和氮气在光催化作用下合成氨的反应。这一成果引起了学术界对光催化合成过程的广泛关注。

（7）1983 年，科研人员实现了芳香卤代烃在光催化作用下的羰基化合成反应，这标志着光催化技术在有机合成领域的应用开始受到重视。随后，光催化开环聚合反应、烯烃的光催化环氧化反应等新型反应陆续被报道，光催化有机合成逐渐发展成为光催化领域的一个重要分支。

（8）20 世纪 80 年代后期至 90 年代初期，经磷酸二氢铵处理的二氧化钛（H−TiO_2）被开发出来，其具有更高的光催化活性和对可见光的响应能力。这一发现推动了对可见光催化剂的广泛研究。

（9）20 世纪 90 年代，固定化催化剂成为研究的热点。通过将催化剂固定在载体上，不仅提高了催化剂的稳定性，同时也使光催化材料的分离和循环使用变得容易。

这些里程碑事件标志着光催化材料领域的快速发展，现在的研究也着重于设计新型功能材料、提高催化效率和选择性，并拓宽光催化在环境治理、能源转换和有机合成等领域的应用范围。

1.3.2　近期光催化的主要研究领域

近年来，光催化作为一种环境友好且可持续的技术，得到了广泛的关注。

以下是一些主要的研究领域。

（1）光催化水分解：光催化水分解是指利用光能将水分解成氢气和氧气的反应。研究人员致力于寻找高效的光催化剂，尤其是可见光响应的催化剂，以降低能量消耗并提高水分解的效率。

（2）光催化 CO_2 还原：通过光催化还原 CO_2 可以将其转化为有用的碳氢化合物燃料或高值化学品。研究人员目前关注于开发高效稳定的光催化剂，探索新型还原剂，以提高 CO_2 的转化率和选择性。

（3）光催化有机合成：光催化可作为一种环境友好和选择性的合成方法，用于进行有机化合物的合成反应。研究人员致力于发展基于可见光的光催化合成反应，包括光氧化、光还原、光插入等反应，以提高合成效率和可控性。

（4）光催化环境净化：光催化可用于降解有害气体和有机污染物，如挥发性有机化合物（VOC）、氮氧化物（NO_x）和苯系化合物。研究人员致力于寻找高效的光催化剂和研究其反应机理，以实现环境污染物的高效降解和资源回收。

（5）光催化能源转换：光催化技术在太阳能能源转化中具有一定的潜力。研究人员致力于开发高效的光催化技术，实现太阳能的光解水产氢、光电池产电等能源转化过程。

（6）光催化杀菌：光催化技术被广泛应用于抗菌和杀菌领域。研究人员致力于寻找能够在可见光下产生活性氧物种的光催化剂，以消灭病原微生物、抑制细菌生长等。

（7）新型光催化材料的设计和开发：研究人员不断寻找新型的光催化材料，包括金属半导体纳米材料、碳基材料、金属有机骨架材料（MOF）和共轭聚合物等。这些材料的设计和调控可以实现对特定波长光的吸收和转换，提高光催化活性和稳定性。

近几年，金属有机骨架材料（MOF）和共轭聚合物等新型光催化材料崭露头角。这些材料结构可调性好，能够通过控制分子结构和染料配体来调控其光催化性能，拓宽了光催化材料的应用领域。另外，随着纳米技术的快速发展，纳米材料在光催化领域得到广泛应用。纳米结构能够提高光吸收和光催化活性。例如，金纳米颗粒、量子点等纳米材料被用于可见光催化反应。

1.4　绿色环保光催化功能材料在环境保护领域中的应用

1.4.1　在环境修复中的应用

光催化功能材料在环境保护领域中有多种应用。以下是一些典型的应用领域。

（1）水污染治理：光催化材料可以被用于水中有机物的降解和去除，如挥发性有机化合物（VOC）、药物残留物等。光催化技术能够高效地将这些污染物转化为无毒的物质，净化水质。

（2）空气污染治理：光催化材料可以用于降解空气中的有机污染物和挥发性有机物（VOC），如甲醛、苯、甲苯等。通过光催化反应，这些污染物可以被转化为无害物质。

（3）环境抗菌：光催化材料可以用于抗菌和杀菌应用，如消毒器具、空气净化器和水处理设备等。光催化材料能够有效地抑制细菌、病毒和其他微生物的生长，从而改善室内和水处理的卫生状况。

1.4.2　在清洁、能源与环境传感中的应用

（1）可再生能源：光催化材料可用于光电化学产氢，即利用太阳能和光催化剂将水分解为 H_2 和 O_2。这种技术有潜力作为一种清洁可再生能源的产生方式。

（2）CO_2 还原：光催化材料可用于 CO_2 的光催化还原，将 CO_2 转化为有机化合物或可再生燃料。这有助于减少大气中的 CO_2 浓度，同时实现对这一温室气体的资源化利用。

（3）环境传感器：光催化材料可用于环境传感器的制备，用于检测和监测环境中的污染物和有害气体。光催化材料的光学特性和催化活性可以与传感器结合，实现高灵敏度和选择性的检测。

这些应用领域表明光催化功能材料在环境保护中具有巨大潜力，不仅可以清洁和净化环境，还可以转化和利用废弃物质，实现可持续发展。随着人们对环境问题的关注不断增加，光催化技术为环境保护提供更多解决方案。

第2章

绿色环保光催化功能材料的分类及其特点

光催化功能材料可以按照不同的方式进行分类。依据材料的组成、能带结构、光吸收特性等，可以分为半导体光催化材料、元素复合光催化材料、有机光催化材料和纳米结构光催化材料；依据应用领域，可以分为环境污染治理光催化材料、能源转化光催化材料、有机合成光催化材料；依据光吸收范围，可以分为可见光催化材料、可见光和紫外光催化材料、可见光和红外光催化材料；依据催化机理，可以分为光生电子-空穴对催化、光吸收-荧光催化。

这些分类可以帮助我们更好地理解光催化材料的特性、应用和发展方向。不同类型的光催化材料在不同领域都发挥着重要的作用，为解决环境问题和能源危机提供了有力的支持。本章将依据材料的组成、能带结构、光吸收特性对光催化材料进行分类，详细介绍半导体光催化材料、元素复合光催化材料、有机光催化材料和纳米结构光催化材料等的组成和特点。

相比依据应用领域、光吸收范围等进行分类，依据材料的组成、能带结构、光吸收特性等进行分类，更能体现材料的结构与性能之间的关系，同时更符合目前光催化功能材料不同研究领域的主流细化路线。

2.1 半导体光催化材料

半导体光催化材料是应用最广泛的光催化材料之一。半导体光催化材料最常见的代表是二氧化钛（TiO_2）。TiO_2 具有良好的光稳定性、化学稳定性和生物相容性，广泛应用于水处理、空气净化和光催化分解有机污染物等领域。[19-22] 它的光催化活性主要来自于光生电子-空穴对的生成与利用，当 TiO_2 被光照射时，通过吸收光能，可产生光生电子-空穴对，参与氧化还原反应，使有机污染物得以降解。

2.1.1 TiO_2 的来源与类型

TiO_2 在自然界中以金红石、锐钛矿和板钛矿等矿物形式广泛存在，这些矿物均由［TiO_2］八面体的不同形态构成。[23-25]

钛和氧之间的化学键对 TiO_2 的多种性质，包括其结构和电子特性，具有显著影响。金红石相因其稳定性脱颖而出，而其他两种相则较为不稳定。在高温条件下，不稳定的相可以转变为稳定的金红石相。[26-30] 这些 TiO_2 相的独特属性，使其在多个应用领域中得到了应用。目前，TiO_2 在光催化领域的关注主要集中在太阳能的转换应用上，如水的光催化裂解、工业废物的降解以及生物质的转化。这些应用主要用的是金红石和锐钛矿相。然而，TiO_2 作为光催化剂受到的限制是其较大的带隙，导致其只能吸收大约 5% 的太阳光谱。尽管如此，TiO_2 作为光催化剂的原型，对于研究光催化的基本过程和电荷/能量转移机制具有重要价值，这有助于新光催化过程的表征和新催化剂的开发。

与金红石相比，锐钛矿单晶的热力学稳定性较低，因此其合成较为困难。[31] 锐钛矿纳米晶具有更高的比表面积，这增加了活性位点的数量。此外，锐钛矿纳米颗粒中的氧空位浓度较高，有助于提高电荷分离效率。[32] 锐钛矿的带隙较大，其氧化还原能力略高于金红石。这些特性使得锐钛矿在活性上通常优于金红石。然而，在超高真空（UHV）和高温退火（600℃）条件下，锐钛矿单晶表面，如 A-TiO_2（001）[33]和 A-TiO_2（101），[34]表面点缺陷的形成较为有限。相比之下，金红石单晶表面则可以通过形成表面点缺陷来简化制备过程。

2.1.2　TiO_2 的电子结构

金红石、锐钛矿和板钛矿这 3 种 TiO_2 相的导带和价带主要由 Ti 3d 和 O 2p 的带边态组成。在化学计量比下，TiO_2 是一种优良的电绝缘体，这是由于其宽广的带隙，[35]如图 2-1 所示。然而，所有的 TiO_2 晶体材料都含有点缺陷，如氧空位、间隙钛离子和替代离子，这些缺陷对材料的催化性能、传质性能和导电性有显著影响。点缺陷在 TiO_2 的带隙中引入了新的电子态，这些电子态被称为缺陷态。缺陷态在带隙中的位置受到 TiO_2 物相和表面结构的影响。例如，锐钛矿（110）面的缺陷态位于导带边缘以下 0.8 ~ 1.0 eV 的位置，而金红石（101）面的缺陷态则位于导带边缘以下 0.4 ~ 1.1 eV 的位置。

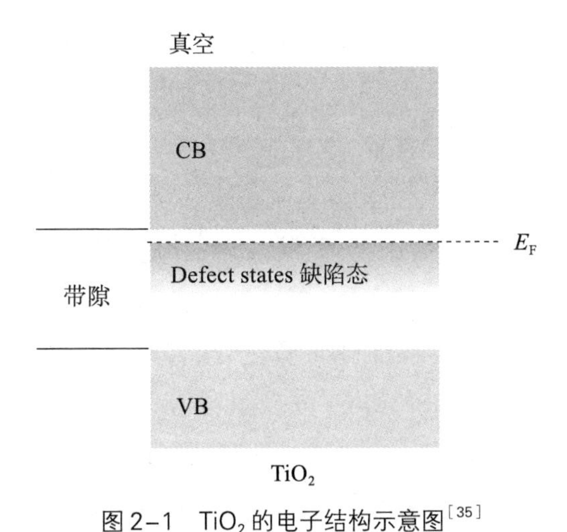

图 2-1　TiO_2 的电子结构示意图[35]

2.1.3 TiO_2 的价带弯曲

在无化学计量缺陷的 TiO_2 表面［例如，R−TiO_2（110）和 R−TiO_2（100）］上，根据光电发射研究，没有观察到能带弯曲。[36] 实际上，TiO_2 是一种 n 型半导体，因为它在表面或块体中存在点缺陷。通常，在制备过程中，TiO_2 表面的缺陷通过去除表面晶格氧原子以氧空位的形式存在，在表面上留下未配对的电子（在 Ti 的 3d 轨道上）。[37, 38] 这是带隙中缺陷态的一个来源。Diebold[39] 认为，氧空位（充当供体态）贡献的多余电子会在亚表面区域积累，导致能带向下弯曲。能带弯曲的示意如图 2−2 所示。现实情况下，当富电子 TiO_2 表面吸附不同类型的吸附剂时，表面和吸附剂之间会发生电荷转移，甚至可能逆转能带弯曲的方向，进而影响 TiO_2 的表面化学性质。[40]

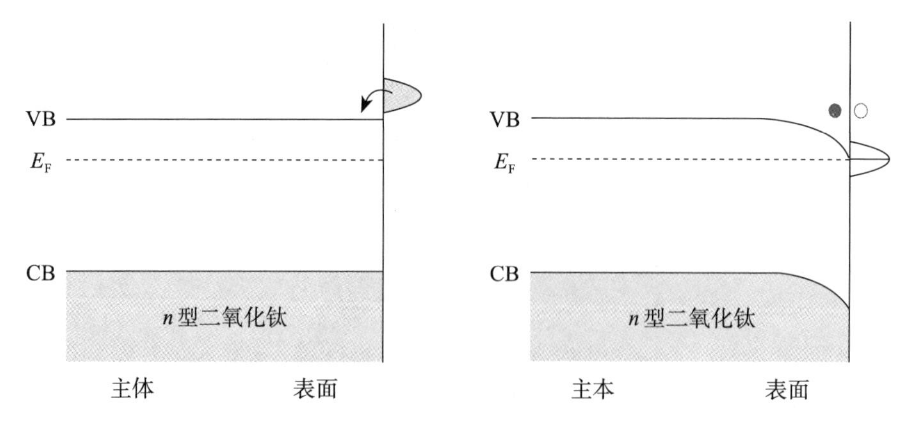

图 2−2 现实条件下清洁的 TiO_2 表面由供体样表面缺陷状态诱导的表面能带弯曲（● 电子；○ 空穴）[40]

除 TiO_2 外，其他半导体材料如氧化锌 ZnO、$SrTiO_3$、$BiVO_4$、Ag_3PO_4、TaON、Ta_3N_5、g−C_3N_4、CdS、MoS_2 等及其纳米颗粒已被应用于直接利用太阳能进行各种光催化反应。这些材料具有可调控的能带结构，所吸收光的能量范围较广，因此在可见光及紫外光等波长范围内都表现出良好的光催化活性。

2.1.4　半导体光催化功能材料的特点

半导体光催化功能材料是一类能够利用光能进行催化反应的材料。它们具有以下特点：

（1）光催化活性：这些材料能够吸收入射的光能并将其转化为化学能，从而促进催化反应的进行。光催化活性对于不同的材料有很大的差异，但通常涉及光吸收、电子传递和局域表面反应等步骤。

（2）可见光响应：许多光催化功能材料能够在可见光范围内吸收光能进行催化反应。这使得它们在实际应用中具有广泛的潜力，因为可见光充足且易于获取。

（3）高效性能：光催化功能材料通常具有高效的催化性能，可以在相对温和的条件下产生高活性的催化作用。这有助于提高反应速率、减少能源消耗和废物的产生。

（4）稳定性：光催化功能材料需要在长时间的使用过程中保持其活性和稳定性。因此，设计和合成这些材料时需要考虑其结构稳定性、耐久性和抗氧化性等因素。

（5）可调性：光催化功能材料的催化性能可以通过调控其物理和化学特性来改变。例如，可以通过调整材料的成分、晶体结构、表面形貌、孔隙结构等来实现对光催化性能的调控。

2.2　元素复合光催化材料

元素复合光催化材料包括金属氧化物复合光催化材料、金属 - 半导体复合光催化材料和金属有机框架材料（MOF）等。这些材料由两种或多种不同的元素组成，通过能带匹配或界面效应提高光催化活性。例如，金属氧化物和半导体的复合材料能够充分利用光吸收和电子传输的特性，增强光催化反应效率。

2.2.1 金属氧化物复合光催化材料

为了克服 TiO_2 光催化材料的宽带隙和低电子捕获效率的难题，光催化材料的研究拓展到了 p 区的铋元素、硒元素以及镧系元素的氧化物，通过共沉淀法、溶胶－凝胶法、水热合成等方法制备的复合材料用于高效光催化。

以铋基光催化材料为例，铋基半导体由于其光催化降解性能而备受关注。卤氧化铋（BiOX）是一种有效的光催化剂，因其良好的可见光响应而受到长期关注。[41，42]作为三元半导体，卤氧化铋具有包含两个卤素原子和［Bi_2O_2］$^{2+}$板互连[43，44]的系统。BiOX 独特的层结构在去除烟气污染物方面提供了优异的光催化活性。[45，46]由于其带隙为 1.6 ~ 1.9 eV，BiOI 可能是用于烟气处理的卤代氧光催化剂的有前途的候选者。[47，48]然而，由于光诱导电子和空穴的快速复合，光催化活性导致纯 BiOI 的效率不足。[49，50]通常，合成半导体异质结构被广泛用于增加光生载流子的吸收范围和分离效率。[51–53]此外，最近的新型 S 方案异质结可以优化异质结提高光催化活性的机制，正成为研究热点。[54–56]在有效分离光生载流子的前提下，S 型异质结保留了半导体材料更好的氧化还原特性。[57，58]

作为铈化合物的有力竞争对手，二氧化铈（CeO_2）在学术研究和工业方面都有研究。[59]此外，CeO_2 本身价格低廉，无毒，具有独特的氧化还原性能和稳定的化学性质。它之所以被广泛应用于许多领域，如燃料电池[60]、太阳能电池[61]和光催化，[62，63]主要是因为 CeO_2 中的铈离子具有特殊的电子构型，可以提高其稳定性，并且易于相互转化，有助于在催化剂表面形成氧空位，从而充当活性电子陷阱中心，抑制复合。[64，65]

2.2.2 金属－半导体复合光催化材料

金属－半导体复合光催化材料是由金属和半导体材料组合而成的一类光催化材料。这种复合材料结合了金属的表面等离子共振增强效应和半导体的光催化活性，具有优异的光催化性能。以下是几种常见的金属－半导体复合光催化材料：

（1）金属纳米颗粒－半导体复合材料：通过将金属纳米颗粒（如银、金或铜）与半导体材料［如 TiO_2 或二硫化钼（MoS_2）］复合，可以实现光催化反应的强化。金属纳米颗粒的表面等离子共振效应可以增强光吸收能力和电子传输，从而提高其催化活性。

（2）金属氧化物－半导体复合材料：金属氧化物的稳定性和半导体的催化活性相结合，可以扩展光响应范围、提高光催化效率。

（3）金纳米线－半导体复合材料：将金纳米线与半导体材料［如锡酸锌（$ZnSnO_3$）或 TiO_2］复合，可以提高光催化反应的效率。金纳米线的高比表面积和优异的光导电性能可以促进光吸收和电子传输，从而增强催化活性。

（4）金属－半导体异质结复合材料：通过形成金属和半导体之间的异质结界面，可以增强光催化材料的光吸收和载流子分离效果。例如，金属纳米颗粒与 TiO_2 纳米晶体形成异质结界面，可以有效提高光催化反应的效率和选择性。

这些金属－半导体复合光催化材料的制备方法包括物理沉积、溶液合成、气相沉积等。通过调控复合材料的组分比例、接触界面和结构形貌等参数，可以实现更高效的光催化性能。这种复合策略为开发高效的光催化材料，应用于环境治理和能源转换等领域提供了新的可能性。

2.2.3 金属有机框架光催化材料

20 世纪 90 年代，美国化学家 Yaghi 首次合成了一种新型多孔材料 MOF-5，该材料由金属节点和有机配体构成的框架结构，标志着金属有机框架（MOF）概念的诞生。[66] 自此，MOF 作为一种具有分子尺度孔隙的多孔材料，通过金属离子或金属离子团簇与多种有机配体的配位作用构建而成（如图 2-3 所示），迅速成为化学和材料科学研究的热点。[67]MOF 因其独特的结构和性质，在化学、化工、储能、气体分离、催化反应、吸附材料和药物输送等领域展现出广泛的应用前景。[68-73]

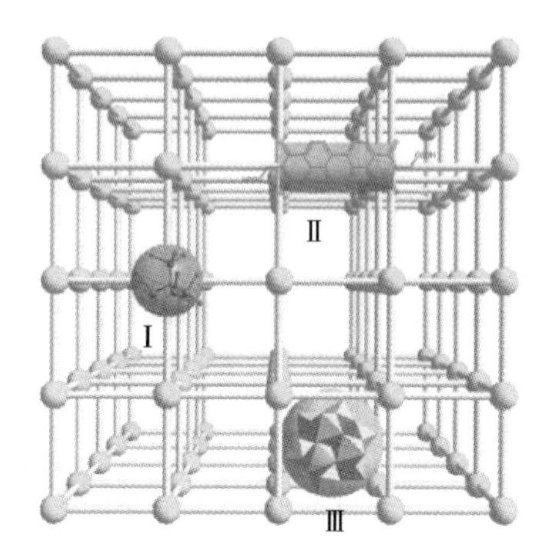

图 2-3　三种类型的 MOF 光催化剂，包括无机簇节点作为纳米半导体光催化剂的 I 型，光催化有机或金属 - 有机染料作为连接剂的 II 型，以及光催化单元作为客体包封在 MOF 孔隙中的 III 型。[74]

与传统光催化半导体相比，MOF 具有以下优势：① MOF 的多孔性和开放框架结构有利于降解物质向活性位点的扩散。[74] ② MOF 具有高比表面积和可调孔隙率，适合与其他活性物质构建复合催化材料。③ MOF 的光谱响应范围可通过引入官能团得到调控。[75] 这些特性使 MOF 在光催化领域，尤其是在有机污染物降解方面显示出重要价值。然而，传统 MOF 作为光催化剂存在一些局限性，如可见光利用率不足和光生载流子快速复合，这影响了其光催化活性。为了克服这些限制，研究人员正在探索合成新型 MOF 以改善材料结构，或优化光催化反应条件以提高 MOF 的光学性能。此外，通过形成异质结结构等复合方法，将 MOF 与其他活性材料结合，可以实现协同效应，最大化催化优势。[76]

2.2.4　元素复合光催化材料的特点

元素复合光催化材料具有以下特点：

（1）光催化性能强：金属元素复合光催化材料能够有效地吸收可见光和紫外光，产生高活性的电子 - 空穴对，从而促进光催化反应的进行。这些材料通常具有较高的光催化活性和高效的光吸收能力。

（2）高稳定性：金属元素复合光催化材料通常具有较好的化学稳定性和热稳定性，能够在恶劣环境下保持其催化活性和结构完整性。这使得它们可以长期稳定地应用于光催化反应中。

（3）宽光谱响应：金属元素复合光催化材料通常能够吸收可见光和紫外光，其带隙能够调控，使其能够在较宽的光谱范围内进行光催化反应。这样的特性使得它们能够有效地利用日光或室内光源进行催化反应。

（4）可调控性：金属元素复合光催化材料的性能可以通过调控其组成、形貌和结构进行调整。通过控制复合材料中金属元素的种类和组分含量，可以调节其催化活性和选择性。此外，还可以通过调整合成条件和表面改性等手段来改变其光学和电学性质，以优化光催化性能。

（5）广泛应用：金属元素复合光催化材料在环境污染治理、水资源净化、空气净化、能源转化等领域具有广泛的应用前景。它们可以用于光催化降解有机污染物、光解水制氢、光催化合成有机化合物等方面，有助于解决环境和能源方面的难题。

2.3　有机光催化材料

有机光催化材料由有机化合物构成，能够吸收可见光或近红外光，并在光激发下产生激发态粒子，进而参与催化反应。有机光催化材料具有设计灵活、分子结构可调控等优点，可以应用于有机合成、环境净化等领域。

共价有机框架（COF）是一类具有周期性结构的有机聚合物，它们通过共价键（如亚胺、硼辛、硼酯、脎、叠氮或酮烯胺等）将特定的有机单元连接起来，展现出高度的结晶性和孔隙性。[77, 78]这些材料可以根据构成单元的大小，设计成二维（2D）或三维（3D）结构，拥有可进入的纳米级通道或孔隙，这些通道或孔隙具有一致的尺寸和可调节性。[79, 80]它们的多边形通道和孔壁为定义明确的纳米空间提供了基础，这些空间可以作为反应中心，促进激发态粒子的快速转移。因此，COF 在化学和材料科学领域中，作为光催化剂，展现出了巨大的潜力。

COF 作为光催化剂的应用具有以下优势：第一，通过引入多样的分子单元，可以轻松调整 COF 的拓扑结构、通道特性和能带结构。第二，COF 的永久性纳米孔隙结构带来了高比表面积，为活性位点的增多和底物的接近提供了便利。第三，由于单元间的共价键连接，COF 展现出优异的热稳定性和化学稳定性，这有助于延长光催化剂的使用寿命。此外，光活性单元可以在稳定的结构中稳定存在。第四，COF 通常由电子给体 - 受体（D−A）单元组成，这有助于提高光生电子 - 空穴对的分离效率。最后，π 共轭体系的有序排列有利于电子的离域化，赋予了 COF 出色的电子传输能力和显著的光电导性。

光致 COF 由堆叠的芳香族片层构成，它们在框架内展现出激子迁移和载流子流动的特性，首次被用作需要产生和传输光生载流子的光导材料。光致 COF 的半导体特性也使它们在光催化分解水、有机合成或污染物降解等方面具有吸引力。K Müllen 和 X C Wang 等在 2010 年首次报道了 COF 作为光催化剂的应用。[81] 他们提出了一种负载 Pt 的共轭聚甲亚胺网络，该网络由 1,3,5- 三（4- 氨基苯基）- 苯和多种双官能芳香醛共同聚合而成，在光照下能够催化水分解产生 H_2。尽管这些材料的光催化性能有待提高，但它们为 COFs 在光催化领域的应用开辟了新的可能性。此后，基于三嗪[82]、卟啉[83]、噻吩[84]、腙[85] 或芘[86] 等结构的 COF 被开发为用于水分解、染料降解、CO_2 还原和有机反应的光催化剂。[87−90] 此外，由于 COF 与其他半导体的复合物，有效的光生载流子分离，也在光催化领域被广泛研究。[91]

2.3.1 光催化 COF 的设计原则

与传统的有机半导体相比，COF 由于构建单元间的共价键而具有更高的化学稳定性。然而，并非所有 COF 都具备光催化活性。在太阳能向化学能的转换过程中，电子 - 空穴由吸收足够能量的光子产生，随后分离并迁移到催化中心，在那里进行氧化还原反应。[92]这要求具有光催化活性的COF必须是半导体，能够捕获光能，促进电荷载流子的迁移，并具有适合驱动化学反应的能带结构，同时与H_2O、CO_2或有机分子等合适的底物发生反应。半导体COF可以在分子层面上进行预先设计，通过将不同的构建单元与适当的键结合，构建π-共轭体系，并在共轭框架中引入电子D−A单元，以扩大光吸收范围，提升光捕获和电荷转移的能力。

2.3.2　光催化COF模块的构建

COF骨架结构中的π-共轭单元在光捕获中起着重要作用。[93]COF的结构单元，如三嗪环、卟啉、噻吩等是高度π-共轭的。通过整合不同的构建块和官能团，可以合理地调整COF的能带结构（例如HOMO和LUMO位置、带隙）和电子性质。例如，2,2-联吡啶-5,5-二醛（BPDA）和4,4',4''-（1,3,5-三嗪-2,4,6-三基）三苯胺（TTA）的吸收在紫外光范围内（BPDA和TTA分别为波长320 nm处和370 nm处）。然而，由于TTA和BPDA之间的π-共轭效应，导致离域分子内电荷转移，相应的COF的吸收光波表现出向440 nm波长处的红移（图2−4a）。[94]在一种由三聚氰胺（Tt）和2,4,6−三甲酰基氯葡萄糖醇（Tp）醛衍生的COF（TpTt）中也观察到了类似的现象。由于共轭结构，TpTt在可见光范围内表现出比起始材料Tp（254 nm和340 nm）和Tt（250 nm）更长的吸收波长（图2−4b）。[95]在芳香形式和醌形式都可用于π-共轭的情况下，醌形式由于其相对较低的能量可以降低带隙。[96]光吸收的强度，即光催化剂在一定周期内吸收的光子数量，取决于π轨道的空间重叠程度，因此随着共轭长度的增加而增加。此外，π-共轭体系长度的增加也会导致吸收范围向更长的波长移动。共价三嗪基框架（CTF）是研究最广泛的具有交替三嗪和苯基单元的COF，能够捕获宽范围的可见光。随着亚苯基间隔区的数量从1增加到4，CTF的光学带隙从2.95 eV降低到2.48 eV。[97]除了共轭主链中的主链外，侧链还可以通过共面π−π堆叠和改变扭转角来调节能级、能带结构和电荷迁移率。[98]更高的共轭度也有利于减少电荷复合，提高电荷转移效率。

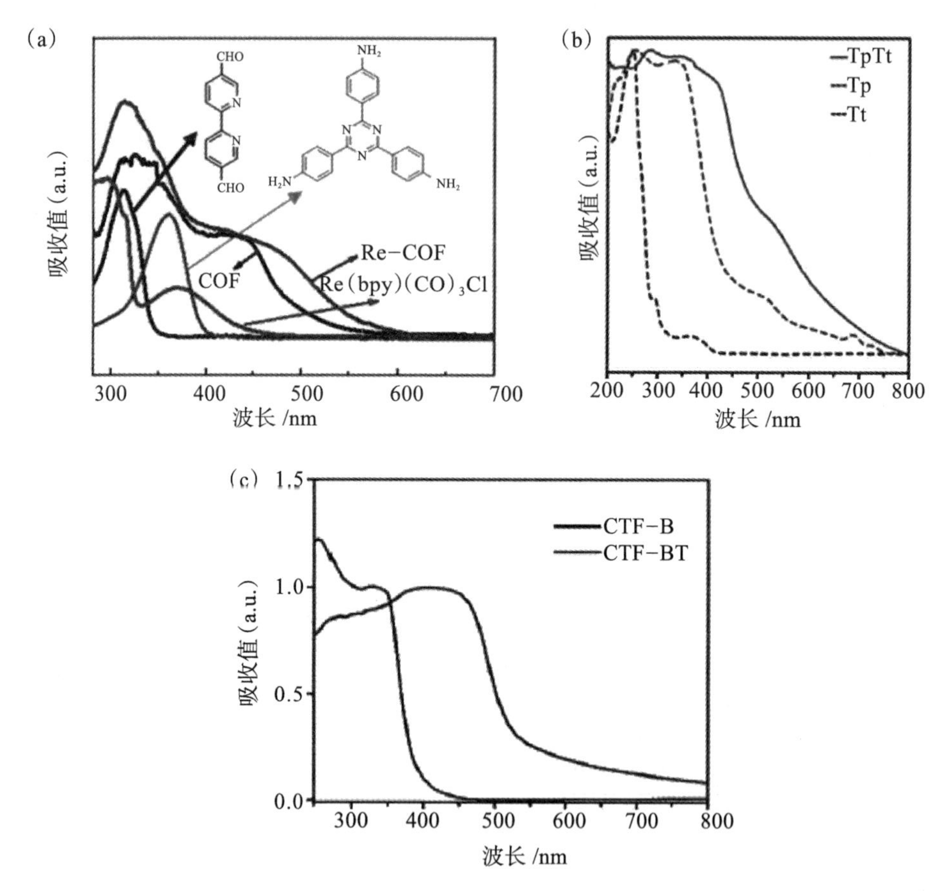

图 2-4　BPDA-TTA－COF(a)、TpTt－COF(b)和 CTF-BT(c)的紫外－可见吸收光谱[95]

另一种调节能带结构和提高电荷转移效率的方法是在共轭骨架结构中引入电子 D-A 单元。框架中的 D-A 排列不仅会导致单个电子供体和受体的 HOMO 和 LUMO 轨道的重新分布，以形成新的 HOMO 或 LUMO 轨道，而且还会改善电子离域，从而降低能带隙，从而扩大光响应范围。[99] CTF-BT 是由 D-a 型单体 4,4'-（苯并噻二唑-4,7-二基）二苄腈缩合而成的 COF，其吸收带宽达 550 nm，而具有苯基单元的 CTF-B 仅吸收波长不超过 400 nm 的光。

还应考虑其他跃迁，如 $n-\pi^*$ 跃迁或金属－配体电荷转移（MLCT）跃迁。尽管 $n-\pi^*$ 跃迁的活性不如 $\pi-\pi^*$ 跃迁，但 $n-\pi^*$ 转变会产生额外的光吸收，以促进电荷分离，从而提高光催化性能。在含金属的卟啉基 COF 中[100-104]，也可能发生从金属 d 轨道到配体 π* 轨道的跃迁，即 MLCT 跃迁（d−π*）。

另一个影响光捕获的因素是层之间的 π−π 堆积。在 2D COF 中，有序且导电的 π 柱为光生电子 - 空穴对的有效分离和扩散提供了通道。[105] 然而，有时严重的 π−π 堆积可能会导致紧凑结构的表面积减小和光捕获能力降低，从而导致光催化活性的降低。[106]

2.3.3　模块间的连接

COF 的结构单元通过共价键连接，如亚胺键、酰亚胺键、腙键、嗪键、硼酸酯键、烯烃键等。这种连接不仅与化学稳定性有关，还与光生电荷载流子的传输有关。因此，开发连接工程对于设计具有高效光催化活性和稳定性的 COF 是必要的。尽管硼酸根和硼酸根连接的 COF 表现出优异的光电导性能，但它们很少被用作光催化剂，因为这种类型的连接在质子条件下或暴露在空气中时表现出相对较差的稳定性。[107−114] 由于 N 原子的高极化，亚胺键或酰亚胺键在 π 离域中表现出较低的效率。[115] 与亚胺键相比，sp^2 碳连接的 COF 由于形成完全共轭结构以增强电子离域和优异的电荷转移性能而备受关注。此外，sp^2 碳共轭连接的 COF 在苛刻条件下显示出化学稳定性。[116] sp^2 碳连接的 COF 可以克服亚胺连接的 COF 中稳定性差和电子离域低的限制。然而，由于稳定的 —C ═ C— 的可逆性低，难以制备具有所需共轭和精细结晶度的 sp^2 碳连接的 COF，这仍然面临巨大的挑战。[117，118]

2.3.4　有机光催化材料的特点

共价有机框架光催化材料因其结构的可调控性、多孔性、高表面积和稳定性等特点，显示出在光催化领域具有潜在的应用前景。

可调控的结构：COF 的结构可以通过选择不同的有机分子单元和反应条件进行调控。这使得研究人员能够设计出特定结构的 COF，以实现特定的光催化性能。

多孔性：COF 具有高度有序的多孔结构，其中包含许多微小的孔隙和通道。这种多孔性有助于提供充足的表面积，增加催化反应的活性位点，从而促进反应发生。

高表面积：COF 因其多孔结构而具有巨大的比表面积，这意味着更多的反应物可以与催化剂接触，从而提高光催化反应的效率。

可调控的光学性能：COF 的结构可以通过调整分子单元的选择和排列来调节其光学性能。这使得COF在吸收可见光或特定波长的光线时具有优越的性能。

稳定性：COF 通常具有较高的热稳定性和化学稳定性，这使得它们在光催化反应中能够保持良好的性能并且不易分解。

多功能性：通过引入不同的功能性基团，COF 可以具备多种催化活性，如光催化分解有机污染物、CO_2 还原等。

可持续性：COFs 是由有机分子构成的，对环境的影响较低，有助于推动绿色和可持续的光催化技术的发展。

2.4 纳米结构光催化材料

纳米尺度材料指的是至少在三个维度中的一个维度上，其尺寸范围在纳米级别（1 ~ 100 nm），或者由这些纳米尺寸的基本单元构成的材料。这种尺度对应于 10 ~ 1 000 个原子紧密排列的尺寸。纳米科技因其被视为一种具有巨大应用前景的新兴科技领域，其重要性被广泛认可，许多发达国家都在这一领域投入了大量资金进行研究。例如，美国是最早建立纳米科技研究中心的国家之一，而日本将纳米科技作为材料科学领域中的四个重点研发项目之一。在德国，汉堡大学和美因茨大学是纳米科技研究的核心机构，政府每年为微系统的研究提供高达 6 500 万美元的资金支持。

二维材料具有独特的物理性质，由于其载流子迁移和热量扩散主要在二维平面内进行，这些特性使得二维材料在多个领域展现出其特殊性。二维材料的带隙可以调节，这使得它们在制造场效应管、光电器件和热电器件等方面具有广泛的应用前景。此外，二维材料的自旋自由度和谷自由度的可控性，为自旋电子学和谷电子学的研究提供了新的研究方向。不同的二维材料由于其晶体结构的独特性，展现出不同的电学和光学特性，这些特性在偏振光电器件、偏振热电器件、仿生器件和偏振光探测等领域具有显著的各向异性，预示着这些材料在未来科技发展中的巨大应用潜力。

纳米结构光催化材料是一种具有特殊表面结构和成分的材料，能够利用光能来促进化学反应。这些材料通常由纳米级别的颗粒或结构组成，具有高比表面积和优异的光吸收性能，使其在光催化领域具有重要的应用潜力。当光照射到纳米结构光催化材料表面时，光子能量被吸收并激发出电子和空穴。这些电子和空穴能够参与化学反应，促进物质的转化。典型的反应包括光解水产生 H_2 和 O_2，光催化降解有机污染物，光催化合成有机化合物等。纳米结构材料通过调控材料的纳米结构，提高了吸收光线的效率和增大了光吸收量。例如，纳米颗粒、纳米线、纳米片等纳米结构材料具有较高的比表面积和光催化活性，适用于多种光催化反应。以 TiO_2 为代表的金属氧化物半导体光催化材料，大多也可以归类于纳米结构的光催化材料。

为了与半导体光催化材料、金属元素复合光催化材料相区分，本节内容主要介绍以石墨烯、氮化碳（CN）/ 氮化硼（BN）和 MXene 材料为代表的二维材料和量子点在光催化功能材料中的研究与应用。

2.4.1　石墨烯纳米结构光催化材料

石墨烯是一种二维六边形结构材料，在具有两个碳原子的晶胞的蜂窝状晶格中共价键合到原子厚度类似于多环芳烃链的单片上。[119] 自 2004 年以来，石墨烯材料因其独特的电化学和物理性能而被研究人员用于锂离子电池。此外，石墨烯具有优异的导热性、表面体积比、机械强度、透明度和量子动力学等特性，是 21 世纪出现的研究最多、最令人兴奋的纳米材料之一。[120] 石墨烯已经在不同领域得到了应用，例如燃料电池、储能装置、声音换能器、电磁屏蔽以及生物传感器、航空航天、光子、有机发光二极管、集成电路、保护涂层、生物医学去污设备。[121]石墨烯中的相对电子可以接近光速传播，称为狄拉克费米子。[122, 123]根据 Vidhya 等的说法，[124]石墨烯是一种赝电容材料，由于其优异的大表面积、高导电性和良好的机械性能，是其他石墨同素异形体的组成部分。因此，石墨烯可用于增强复合材料的性能。

石墨烯作为一种光催化复合物，在解决能源和环境问题上显示出巨大的潜力。近年来，三维石墨烯的构建不仅实现了光催化剂的均匀分散，还带来了一系列新的优势。其内部的多孔结构增强了对反应物的吸附能力；互联的导电网状结构不仅加速了光生电子的迁移，还减少了电子与反应物之间的传输距离；此外，其优良的机械强度使得材料在催化反应后更易于回收，尤其在污水处理领域，这一特性显得尤为关键。这些特性使得三维石墨烯基复合光催化材料在实际应用中展现出更高的效率和更好的实用性。

2.4.2 氮化物纳米结构光催化材料

在氮化物纳米结构光催化材料方面，1989 年，A Y Liu 和 M L Cohen 基于 β-Si_3N_4 的晶体结构，提出用碳原子替换硅原子，利用第一性原理和局域态密度近似下的赝势能带法，从理论上预测了 β-C_3N_4（氮化碳）这种新型共价化合物。这种材料的硬度理论上可与金刚石相媲美，尽管在自然界中尚未被发现。1996 年，Teter 和 Hemley 进一步通过计算研究，认为 C_3N_4 可能存在五种不同的结构形态：α 相、β 相、立方相、准立方相以及类石墨相。除了类石墨相之外，其余四种结构的硬度均具有与金刚石相竞争的潜力。

进行有效光催化的基本特征之一是具有更宽带隙能量和最大光催化活性的高效光催化剂。近年来，石墨氮化碳（g-C_3N_4，“GCN”）是一种新型的二维半导体材料，由于其独特的性质，包括易于合成、特殊的电子结构、环境友好、经济高效以及良好的热稳定性和化学稳定性，已被广泛用作光催化剂。[125]然而，它仍然具有一些局限性，如缺乏可见光吸收、低表面积、孔隙率和快速电荷载流子复合。[126]为了提高光催化生产率，各种研究致力于推

进各种策略，如非金属改性、复合材料、半导体耦合、金属掺杂和贵金属沉积。[127，128]

通过偶联两种金属氧化物（如 ZnO/TiO_2 和 $ZnIn-MMO/gC_3N_4$）制备的异质结构半导体光催化剂因能提高电子-空穴对的分离效率而表现出良好的光催化活性。[129，130] 金属掺杂是有意将杂质引入本征半导体材料中，以增强其电学、光学、磁学、结构和催化性能。[131，132]

半导体材料可被高能（50～200 keV）贵金属和非金属离子轰击，因此，离子可以被注入半导体的晶格中，而不会破坏其结构。[133] 这一过程改变了半导体的电子结构，并将其光响应转移到可见光区域。两种不同的半导体材料可以结合到高效的纳米复合材料中，以在各种光照射下实现巨大的光催化应用。[134，135] 在这些方法中，掺入复合材料的合成是增强所需材料光催化性能的最佳技术之一。[136]

2.4.3 MXene 纳米结构光催化材料

MXene 材料，是一类具有二维层状结构的新型材料，首次在 2011 年由美国德雷塞尔（Drexel）大学的科学家们通过使用氢氟酸（HF）作为刻蚀剂，从三元层状碳化物 Ti_3AlC_2 中选择性地移除 Al 层来制备。这一方法也被应用于其他单原子和双原子过渡金属碳化物，如 Ti_2AlC、Ta_4AlC_3、Nb_2AlC、$(V_{0.5}Cr_{0.5})_3AlC_2$ 和 $(Ti_{0.5}Nb_{0.5})_2AlC$ 等。

MXene 材料由过渡金属碳化物、氮化物或碳氮化物构成，其化学通式为 $M_{n+1}X_nTx$，其中 n 可以是 1、2 或 3。M 代表前过渡金属元素，例如 Sc、Ti、Zr、V 等；X 代表碳或氮，或碳和氮的组合；Tx 指的是在合成过程中在表面形成的官能团。这些材料是通过化学刻蚀 MAX 相物质（M 代表早期过渡金属，A 代表Ⅲ、Ⅳ主族元素，X 代表 C 或 N）得到的。由于 MAX 相物质种类繁多，因此可以通过化学刻蚀方法制备出具有多样特性的 MXene 材料。近年来，MXene 材料的应用形态也得到了拓展，包括 MXene 膜、MXene 纤维、MXene 气凝胶、MXene 水凝胶等。MXene 材料具有显著的二维层状结构，拥有较大的比表面积、良好的导电性和自润滑性，以及丰富的表面官能团。然而，MXene 材料也存在一些缺点，例如表面暴露的金属原子容易氧化，导致结构破坏；制备和应用过程中容易出现片层堆叠；机械强度不足；在非极性或弱极性聚合物中的溶解度问题。为了解决这些问题，研究人员对 MXene 材料进行了化学改性，包括有机物改性、无机物改性和有机 – 无机杂化改性。

MXene 材料的表面含有亲水官能团，这使得它们能够与多种半导体材料形成稳定的复合结构。此外，MXene 材料表面的末端金属增加了氧化还原位点，结合其巨大的比表面积和优秀的金属导电性，MXene 材料在催化领域展现出巨大的应用潜力，尤其是在光 / 电催化降解污染物、水解制氢和二氧化碳还原等方面。

第3章

绿色环保光催化功能材料的制备方法

绿色环保光催化功能材料是指在光照条件下，能够利用光能将有害物质转化为无害物质，或将有害物质降解为较小分子的材料。这些材料通常具有高效的光催化活性和稳定性，同时具备环境友好、可再生、低能耗等特点。常见的绿色环保光催化功能材料包括二氧化钛（TiO_2）、氧化锌（ZnO）、二氧化硅（SiO_2）等。

3.1 半导体光催化材料的制备方法

尽管 TiO_2 具有突出的优点，但一些缺点限制了它的部分应用。例如，TiO_2 具有宽的带隙，并且只能由紫外光激发，这导致其可见光利用率较低。其次，TiO_2 激发产生的电子和空穴很容易复合，导致量子效率低。光催化反应在实际应用中速度较慢，导致污染物降解效率较低。许多研究旨在通过与非金属[137-140]和贵金属[141-147]掺杂剂复合，或通过改变 TiO_2 的形态[148-150]来提高 TiO_2 的光响应范围和量子效率的报告，以及其他提高光催化剂吸附性能的方法。TiO_2 的制备过程根据所用介质分为三种类型，即固相法、气相法和液相法（图 3-1）。

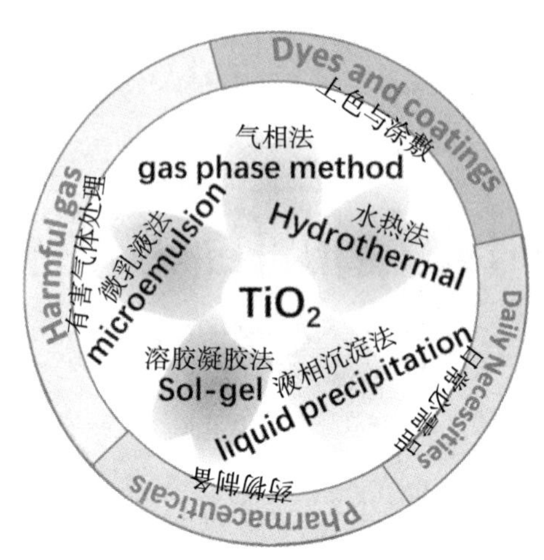

图 3-1 TiO_2 的制备方法和应用[151]

3.1.1 固相法

固相法涉及原料、中间体和固体产品的制备，传统上用于制造 TiO_2 纳米材料，通常使用固相合成和粉碎技术。固相法简单，适用于工业规模的生产。尽管这些方法存在能耗高、形成大颗粒和引入杂质等缺点，但它们仍然常用于制备 TiO_2 纳米材料。[152-154]

Abbas 等使用固态反应技术，通过混合不同浓度的 Cu 和 TiO_2 纳米颗粒，然后煅烧，制备了 Cu 掺杂的 TiO_2，并研究了每个制备的颗粒的表面形态、尺寸、硬度、粗糙度、热导率和其他机械性能。制备的 Cu 掺杂 TiO_2 含有尺寸为 20 ~ 30 nm 的颗粒。[155] 以石墨、氮化碳和钛酸为原料，采用固相反应法合成了 G-C_3N_4/TiO_2，当用 300-W 汞灯照射 5 h 时，G- $C_3N_4$4/TiO_2 催化剂的亚甲基蓝（MB）降解率为 59%。[156]

3.1.2 气相法

气相法使用气态原料或以各种方式将原料转化为气态，然后通过物理或化学方法冷凝和沉积形成固体纳米颗粒。气相法分为两种：物理法和化学法。

气相法制备的纳米 TiO_2 纯度高，颗粒小，分散性好。[157–163]

2022年，杨华涛等通过将 $TiCl_4$ 置于氧化反应器中以及所研究的反应条件，如反应温度、停留时间和甲苯流速，使用气相氧化法制备 TiO_2 纳米颗粒。在较高的甲苯流速、较高的反应温度和较长的停留时间下形成较大的 TiO_2 颗粒。此外，在反应过程中加入 KCl 可有效控制 TiO_2 的粒度。[164] 袁小红等人利用纳米 TiO_2 薄膜在空气中容易被氧化的特点，采用两种不同的磁控溅射方法制备了 Ag/TiO_2 薄膜，观察到沉积在织物表面上的 Ag/TiO_2 复合膜的表面微观结构比 TiO_2/Ag 复合膜的催化剂均匀、紧凑和光滑。Ag/TiO_2 复合膜也表现出比 TiO_2/Ag 复合膜更高的光催化活性。[165]

3.1.3　液相法

液相法有多方面优势，如设备简单，易于操作，反应温度，并且比其他方法消耗更少的能量。液相法可以进一步细分为溶胶 - 凝胶法、沉淀法、水热合成法、微乳液法等。

3.1.3.1　溶胶 - 凝胶法

溶胶 - 凝胶法主要使用有机钛酸盐来控制水解，通过搅拌和添加酸抑制剂来控制水解条件，以形成具有各种晶体形式和形态的 TiO_2 溶胶。溶胶在老化时转化为凝胶，在热处理时从中获得 TiO_2 粉末。溶胶凝胶法制备的 TiO_2 样品纯度高、加工设备简单、颗粒小、结晶性强，这是明显的优势。[166–169] 有机钛酸盐以分步方式水解，通过控制反应条件来调节颗粒大小和结晶形式。Ahmad 等采用溶胶 – 凝胶法制备了金属氧化物掺杂的 TiO_2 复合材料；通过 XRD 确定所形成的纳米颗粒具有锐钛矿结构，并且是球形的，尺寸为 18.3 nm，并且对 MB 表现出 80.9% 的光降解效率。[169]

3.1.3.2　沉淀法

沉淀法主要通过无机钛盐溶液与沉淀剂反应形成沉淀，然后在高温下煅烧以制备 TiO_2 粉末。通常使用廉价且容易获得的无机盐，例如 $TiCl_4$、$TiOSO_4$ 和

$Ti(SO_4)_2$ 作为原料。在向反应体系中加入沉淀剂时形成不可溶的 $Ti(OH)_4$；通过过滤收集沉淀物并洗涤，以从原始溶液中除去阴离子。可以通过在高温下煅烧获得各种晶体形式的 TiO_2 粉末。[170-174]

3.1.3.3 水热合成法

水热合成法通过加热含有水溶液作为反应介质的反应高压釜来创造高温高压反应环境，这促进了不溶性材料的溶解和再结晶。水热合成法需要简单的设备，以产生具有窄尺寸分布的颗粒。然而，水热合成法对反应温度和压力有严格的要求。

通过改变反应条件来控制 TiO_2 颗粒的晶体结构和尺寸。通常使用 TiO_2 粉末或新制备的钛酸盐水解凝胶作为前体。一方面，可以通过调节水热条件来进一步控制晶体结构和性能；另一方面，水热合成方案中的重结晶步骤适用相对简单的反应过程和设备产生高纯度的产物。He 等研究了在不同水热反应时间形成的 TiO_2 颗粒的形貌，结果如图 3-2 所示。[175]

图 3-2 在不同反应阶段（1 h、3 h、5 h、7 h、15 h、20 h）获得的产物的 SEM 图像[175]

3.1.3.4 微乳液法

微乳液法主要使用乳化剂如表面活性剂、弱极性有机物和醇，产生不混溶的乳液，形成均匀的乳液，然后反应产生无定形 TiO_2；随后煅烧产生纳

米 TiO_2 颗粒。微乳液法可分为油包水（O/W）和水包油（W/O）微乳液技术。[176, 177] 微乳液法不需要加热，使用简单的设备，即产生可控颗粒。然而，微乳液的稳定性很难控制，并且后处理过程需要用有机溶剂洗涤，这导致了更高的成本。微乳液法制备的纳米颗粒通常为球形或准球形。

表面活性剂和助表面活性剂由于吸附在 TiO_2 颗粒表面上，在高温热处理过程中很难聚集，这有利于生产分散性良好的 TiO_2 纳米材料。这种方法产生的颗粒小、操作简单、能耗小、稳定性好等；然而，由于使用了大量的表面活性剂，很难从颗粒表面去除有机物质。目前，该方法中使用的微乳液的结构和性能需要进一步研究，需要寻找低成本、易于回收的表面活性剂，并需要建立适合工业化的生产体系。[178, 179]

Karbasi 等利用微乳液法制备了一系列形状均匀、粒径分布窄、光催化活性高的 Si-TiO_2 颗粒。降低体系的含水量可以提高 TiO_2 的光催化活性。煅烧温度越高，结晶度越高，颗粒越大，MB 降解率越高。[180] 随着科学研究的快速发展，各种物理和化学方法可以用来制备 TiO_2 颗粒。表 3-1 总结了 TiO_2 常用制备方法的优缺点，根据使用要求可以采用相应的合成方法。

表 3-1 TiO_2 制备方法的优缺点

制备方法		优点	缺点
固相法		1. 流程简单； 2. 大规模生产	1. 能耗高； 2. 颗粒大且不均匀； 3. 低纯度
气相法		1. 高纯度； 2. 小颗粒尺寸	1. 容易团聚的颗粒； 2. 生产成本高
液相法	溶胶 - 凝胶法	1. 流程简单； 2. 化学成分均匀； 3. 可控微观结构	1. 原材料价格高； 2. 处理时间长
	沉淀法	1. 流程简单； 2. 大规模生产	1. 纯度低； 2. 颗粒大且不均匀

（续表）

制备方法		优点	缺点
	水热合成法	1. 高纯度； 2. 分散性好，晶体形状好，可控性好	1. 设备要求高； 2. 技术难点； 3. 成本高； 4. 大规模生产的困难
	微乳液法	1. 设备简单； 2. 可控粒子	1. 过程控制困难； 2. 大规模生产的困难； 3. 高成本

3.2 元素复合光催化材料的制备方法

MOF，即金属－有机框架材料，因其高度的可设计性和多功能性，在材料科学领域中占据重要地位。目前，MOF 的合成技术已经发展出多种途径，包括但不限于溶剂热合成、微波辅助合成、超声波合成、电化学合成和机械化学合成等。每种合成技术都有其独特的特点和优势。例如，溶剂热法能够在相对较低的温度下促进反应，而微波加热法则能够通过微波能量快速加热，加速反应过程。超声合成法利用超声波产生的空化效应来促进材料的生长，而电化学方法则通过电极反应来控制 MOF 的形成。机械化学法则是通过机械力作用于反应物，促使其形成所需的 MOF 结构。

这些不同的合成方法在反应时间、成本效益和产率等方面各有千秋。即使是使用相同的金属离子和有机配体作为原料，采用不同的合成策略也可能导致最终 MOF 材料的晶体结构和性能存在显著差异。这种结构上的差异性为 MOF 材料的设计和应用提供了广阔的空间，使得研究人员可以根据特定的应用需求，选择或优化合成方法，以获得具有期望特性的 MOF 材料。表 3−2 所示为 MOF 合成方法的汇总分类。

表 3–2　MOF 合成方法的汇总分类

MOF	合成方法	制备条件	时间 /min	参考文献
{[$Zn_8(BTA)_6(L)_5Cl_2$] $(NO_3)_3$}·5DMF	溶剂热合成法	DMF，85℃	4320	[182]
BUT–29	溶剂热合成法	DMF，120℃	2880	[183]
Zn 掺杂 Ni–MOF	微波法	微波中低温	6	[184]
UiO–67	微波法	微波 120℃	150	[185]
UiO–66	微波法	110℃微波	3	[186]
BiOI/MOF	超声合成法	700 W 超声	180	[187]
Ni–ZIF–8	超声合成法	超声	20	[188]
TMU–34（–2H）	超声合成法	360 W 超声	60	[189]
Fe–PCPs	电化学合成法	12 V 电压	30	[190]
UiO–67 和 UiO–67–bpy	机械化学球磨法	少量 DMF	180	[191]
$Ni(NCS)_2(PPh_3)_2$、HKUST–1、ZIF–8、MAF–4 等	机械化学螺旋挤出法	无溶剂	720	[192]
ZIF–8	机械化学高压法	0.31 Gpa 高压	2	[193]
ZIF–8	气相合成法	145℃或 180℃	–	[194]
UiO–66	连续流合成法	DMF，乙醇	–	[195]

3.2.1　溶剂热合成法

溶剂热合成技术是一种在 MOF 制备中广受欢迎的方法。这一技术涉及将金属盐与选定的有机配体混合于有机溶剂中，随后在液相条件下进行反应，通过配体与金属盐的自组装过程形成晶体。[181] 这种方法能够生产出具有良好分散性和完整晶体形态的 MOF，并且实验室条件下容易实施，便于规模化生产。然而，溶剂热法也存在一些不足，例如反应时间较长，需要消耗较多的有机溶剂，如DMF、甲醇和丙酮等，这不仅增加了成本，还可能对环境造成一定的负担。[182] 例如，He等在合成具有优异吸附性能的MOF材料NUM-4时，使用了Zn（NO_3）$_2$·6H_2O作为金属源，1,3-双（4-羧基苯基）咪唑氯（H_2lCl）作为角配体，以及1 h-苯并三唑酸酯（HBTA）作为辅助配体，在85℃的DMF溶剂中反应3 d。合成的MOF表现出良好的耐溶剂性，能够稳定地被溶解在DMF、N,N-二甲基乙酰胺（DMA）、CH_2Cl_2等溶剂中而保持骨架结构。[181]

Yang等则采用In（NO_3）$_2$·5H_2O作为金属离子源，H_4PBPTTBA作为有机配体，通过在DMF溶剂中120℃反应48 h，合成了新型阴离子MOF，BUT-29。这种材料在存在竞争试剂HBF_4的情况下合成，展现出强大的阴离子染料去除能力和可重复使用性。[182]

3.2.2 微波加热法

微波合成技术因其独特的加热机制，已成为制备纳米材料的高效手段。在MOF的合成中，微波法利用微波能量激发物质内部分子的高频振荡，从而产生热量，避免了传统加热方式中的热传导过程。这种方法能够实现更均匀的加热效果，并且可以精确调控反应的温度和压力，从而显著减少反应时间并降低能耗。[185] 与传统的溶剂热合成方法相比，微波合成技术能够显著加快MOF的晶体生长速度，通常在1 h内就能获得所需的MOF晶体。然而，由于微波反应器的体积限制，该技术更适用于小规模的MOF合成。对于大规模的MOF生产，微波法可能不是最佳选择。

Chen等的研究中，采用了$NiCl_2$·6H_2O和Zn（Ac）$_2$·2H_2O作为金属前驱体，1,4-苯二甲酸（PTA）作为有机配体，在DMF溶剂中进行MOF的合成。通过微波加热，仅6 min便成功合成了掺杂锌的镍基MOF，这一合成时间远低于传统溶剂热合成方法。通过对比实验，研究者发现微波合成的MOF具有更小的尺寸，且在电池电容器应用中展现出良好的潜力。[183]

Vakili等在研究Zr基MOF时，也采用了微波合成技术制备了UiO-67，并与传统的溶剂热法进行了对比。结果表明，微波加热在反应速度上具有明显优势，其合成速率是传统方法的 10 倍以上。[184] 此外，即使在较低功率和温度条件下，如 90 W、110℃的微波照射下，仅需 3 min 就能合成 UiO−66 晶体，且产率高达 90%。[185]

3.2.3　超声合成法

超声合成法是另一种在 MOF 合成中得到应用的能量输入方式，它与微波辐射促进反应有相似之处。在超声合成中，高频声波导致液相中气泡的生成、扩张及坍塌，这一过程会在局部区域内产生瞬间的高温和高压环境。这种声能的传递能够促进化学反应的进行。超声合成法具有操作简单、成本较低以及合成速度快的特点，但它并不像溶剂热法那样容易控制，有时可能会产生一些影响产率的副产品。

Lee 等在其研究中采用了 700 W、20 kHz、30% 振幅的高强度超声处理技术，对溶解于混合溶剂中的 1,3,5- 苯三羧酸和 $Cu(NO_3)_2 \cdot 3H_2O$ 的混合物进行处理。经过 3 h 的反应，成功合成了八面体形状的 MOF 晶体。[186] Ma 等人则利用 $Ni(NO_3)_2 \cdot 6H_2O$ 和 $Zn(NO_3)_2 \cdot 6H_2O$ 的混合物，通过 20 min 的超声处理，制备出了 Ni 掺杂的 ZIF−8。通过表征分析，证实了超声合成法得到的 ZIFs 材料具有较小且均匀一致的晶体特性。[187] Razavi 等通过超声辅助方法合成了功能化的 MOF 材料 TMU−34（−2H）。他们通过改变超声作用时间，发现在 360 W 超声作用 60 min 的条件下，TMU−34（−2H）的均匀性最佳。[188]

3.2.4　电化学合成法

电化学合成 MOF 的方法在原理上与电解电池相似。与传统方法的不同之处在于，金属源不是金属盐物质，而是由金属阳极代替。阳极溶解后产生的金属离子和有机配体在导电介质中协同组装，生成 MOF 晶体。电化学合成 MOF 的反应速度快，可以连续制备，而传统的溶剂热合成方法的合成速度是间歇性的和缓慢的。电化学合成 MOF 是由巴斯夫首次提出的。实验以 Cu 和 1,3,5- 苯三羧酸为原料合成 MOF，通过电化学方法连续溶解铜形成 HKUST-1。Zhang 等人在废铁中加入有机配体，经过研磨等物理处理，在 12 V 电压下采用快速简便的电化学方法合成制备铁基 MOF。[189]

3.2.5 机械化学合成法

机械化学合成法是一种通过机械作用促进 MOF 合成的技术。这种方法涉及对无机和有机固体前驱体施加机械力，如研磨和挤压，以促使 MOF 晶体的形成。其显著优势在于，合成过程中通常不需要或仅需少量有机溶剂，有助于减少对环境的影响并降低成本。

与传统的液相合成方法不同，机械化学合成法不依赖溶剂，而是通过物理混合固体原料，化学反应通常不会自发进行，需要额外的能量输入。这可能包括球磨、研磨、挤压或高压压缩等多种能量输入方式。由于溶剂使用量少，该方法有利于 MOF 的大规模工业化生产，适合于连续生产过程。

Ali-Moussa 等研究展示了在少量 DMF 溶剂的条件下，使用常规球磨机处理不同有机配体和 Zr 金属源的混合物，成功合成了纯度较高的 UiO-67 和 UiO-67-bpy。进一步的实验中，通过 $CuBr_2$ 修饰球磨法制备的 UiO-67-bpy，得到的配合物在烯烃氧化为环氧化物的反应中表现出与常规方法相当的性能，证明了机械化学法合成的 MOF 可以进行有效的后修饰，为功能化提供了新的可能性。[190] Crawford 等利用螺杆挤出机实现了 MOF 材料的连续挤出合成，包括 Ni（salen）、$Ni(NCS)_2(PPh_3)_2$、HKUST-1、ZIF-8、MAF-4 和 Al（富马酸盐）（OH）等，均通过无溶剂或无溶剂挤出的方式合成。特别是 ZIF-8 的合成，通过螺杆挤出机实现了高时空产率，比其他合成方法的效率高出一个数量级。[191]

Paseta 等探索了另一种机械化学合成方法——高压压缩法来制备 MOF 材料。在无溶剂的条件下，通过手动摇动氧化锌和 2- 甲基咪唑的混合物，并在金属圆柱体内施加 0.31 GPa 的高压，仅需 2 min 即可获得 ZIF-8 产物，为 MOF 的快速工业化生产提供了一种潜在的途径。[192]

3.2.6 其他合成法

除了传统的合成方法，MOF 的制备也探索了一些创新途径，例如气相合成和连续流技术。这些方法虽在实验室中不常见，但它们为特殊应用提供了优化现有技术或开发新途径的机会。

Tanaka 等采用了气相传输（VPT）技术来合成 ZIF−8 膜。他们使用了三种不同的 ZnO 前驱体作为金属源，通过在 145℃或 180℃下加热少量蒸汽源，经过一定时间的处理，成功合成了 ZIF−8 材料。这种方法为 MOF 材料的绿色生产和大规模制造提供了新的可能性和前景。[193]

Rubiomartinez 等基于连续流策略，设计并实现了 UiO−66 的连续批量生产系统。在这个系统中，$ZrCl_4$ 等原料被加入螺旋反应器中进行加热和混合，随后通过背压调节器控制流入密封容器。经过 DMF 和乙醇的洗涤和浸泡步骤后，最终获得了 UiO−66 粉末，总产率达到了 67%。此系统的优势在于能够精确控制各种反应参数。[194]

3.3 有机光催化材料的制备方法

COF 的构建通常依赖于有机单元通过可逆的聚合反应来形成。这些结构内部的连接点具有可逆性，允许它们在必要时进行调整和重新配置，以此确保形成的是有序的晶体形态而非无序的非晶态。自从首次通过溶剂热合成技术成功制备 COF 后，研究者们已经探索了包括溶剂热、微波辅助合成、机械球磨、超声化学合成以及离子液体辅助合成等多种合成策略来制备 COF。

3.3.1 溶剂热合成法

在 2005 年，科学家们首次在密封的 Pyrex 管中，使用均三甲苯 / 二噁烷作为溶剂，通过硼酸与儿茶素的缩合反应，成功合成了COF。[195]自那以后，溶剂热合成技术因其操作简便和可控性强，被广泛用于CO的制备。这种方法能够产生具有高结晶度、低缺陷、良好取向性和均匀粒度的COF产品。在溶剂热合成过程中，单体、溶剂和催化剂被放入密封容器中，如密封管、安瓿瓶、带帽玻璃瓶或聚四氟乙烯内衬的不锈钢高压釜等，并加热至溶剂沸点以上。在非水有机溶剂中进行的可逆缩合反应，对COF的结晶度和稳定性至关重要，因此选择合适的溶剂对于COF的合成非常关键。[196]合成COF常用的溶剂包括二甲基亚砜（DMSO）[197]、乙腈[198]、二甲基甲酰胺（DMF）[199]或混合溶剂，如均三甲苯/二恶烷、邻二氯苯/二甲基乙酰胺（DMAc）[200]、1,4-二恶烷/AcOH[201]、二恶烷/甲醇[202]、均三甲苯/1,2-二氯乙烷（DCE）、苯甲醚/甲醇[202]等。乙晴和DMF通常用于制备硼酸酯或腙连接的COF[203, 204]，而DMSO、1,4-二恶烷[205]、混合溶剂如二恶烷/AcOH、EtOH/均三甲苯/AcOH[206]、邻二氯苯/正丁醇[207]等用于合成亚胺连接的COF。[208]

在2010年，Thomas Bein及其团队发现酯缩合反应的可逆性显著受反应介质的极性影响。2011年，姜[209]的研究团队探究了不同溶剂对酞菁镍基COF（NiPc-COF）结晶度的影响。由于［$(OH)_8$PcNi］在大多数有机溶剂中的溶解度较低，他们采用了含有不同比例的芳香族溶剂（如邻二氯苯、均三甲苯）和亲水性溶剂（如二恶烷、DMAc）的混合溶剂。他们发现，当邻二氯苯与DMAc的比例为1∶2时，能够获得结晶度和产率（90%）最佳的NiPc-COF。在合成由1,2,4,5-四羟基苯（THB）和锌（II）5,10,15,20-四［4-（二羟基硼基）苯基］卟啉（TDHB ZnP）构成的ZnP-COF时，也观察到了类似的结晶度依赖性，其结晶度在很大程度上取决于均三甲苯与1,4-二恶烷的比例。当比例为1∶1时，ZnP-COF呈现非晶态；而当比例增至9∶1时，获得了结晶度最佳的材料。此外，水分子的存在也会影响COFs的稳定性，尤其是硼酸酯连接的COF对潮湿环境更为敏感。Lavigne的研究表明，在水性环境中，具有烷基化作用的硼酸酯连接的COF比未烷基化的展现出更高的稳定性。[210]除了溶剂的选择，反应气氛也需考虑，例如在单体易氧化的情况下，需将惰性气体（如Ar或N_2）通入反应体系中，[211, 212]溶剂热合成通常产生粉末状产物，但也可通过该技术制备 2D COF 膜，如通过在均三甲苯和二恶烷的混合溶剂中缩合 4,4'- 二苯基丁二炔双（DPB）和 2,3,6,7,10,11- 六羟基三苯（HHTP），成功合成了具有宽六方孔的 2D HHTP-DPB COF 膜。尽管溶剂热合成技术在制备多种 COF 方面应用广泛，但它也存在一些缺点，如生产效率较低和所需时间较长等。

3.3.2 微波合成法

微波合成技术因具有反应速度快、操作简便、高选择性和高产率等优势，在有机合成领域得到了广泛应用。微波能量与物质如溶剂和反应物之间的相互作用能够迅速提供必要的能量，有效解决了传统加热方法中能量传递效率低的问题。[213] 尽管通过微波合成的 COF 在性质上与溶剂热合成的 COF 相似，但微波合成能够更快地促进共价键的形成。例如，在微波作用下，1,3,5- 三甲酰基氯苯酚（Tp）和对苯二胺（Pa）能在短短一小时内形成 β - 酮胺连接的 TpPa-COF。[214]

在不使用微波的相同条件下，TpPa-COF 的共价键和晶体结构则无法形成。微波合成方法的一个显著优势是，能够在短时间内高效地制备出具有更优结晶度和更大比表面积的产品。例如，1,4- 苯二硼酸（BDBA）和六羟基三苯（HHTP）在 100℃的微波辐射下仅需 20 min 就能合成出结晶的 COF-5，而传统的溶剂热合成则需要长达 72 h。经过微波提取和纯化后，COF-5 的比表面积可从 901 $m^2 \cdot g^{-1}$ 显著增加至 2 019 $m^2 \cdot g^{-1}$，这一数值远高于最初通过溶剂热法制备的 COF 的比表面积（1 590 $m^2 \cdot g^{-1}$）。此外，微波辐射辅助合成 COF 还能在更低的反应温度下进行。2012 年，研究人员利用微波法和三氟甲磺酸（TFMS）催化，在室温下成功制备了 CTF。

3.3.3 机械化学合成法

机械化学合成技术因具有节省时间、环保且减少有害溶剂使用的优势而在化学合成领域广受欢迎。这种方法已成功应用于构建含有配位和共价键的复杂开放框架结构。[215]典型的机械化学合成过程涉及将反应物和溶剂混合后放入研钵或球磨机中，在室温条件下通过杵或氧化锆球进行研磨。研磨过程中，颗粒尺寸的减小伴随着物质形态的变化以及化学键的断裂与重建。[216, 217]机械化学合成法尤其适用于合成具有亚胺连接、β- 酮烯胺或肼连接等结构的COF。[218]2013 年，Banerjee 首次利用机械化学合成技术，通过在室温下与芳香二胺、2,5- 二甲基对苯二胺和联苯胺进行缩合反应，成功制备了三种亚胺连接的 COF。随着研磨时间的增加，产品颜色由橙色逐渐变为暗红色。为了深入理解机械化学合成过程中 COF 中共价键的形成，研究人员采用了 FT-IR 光谱分析，确认了新形成的芳香族 C-C（1 445 cm^{-1}）和 C-N 键（1 256 cm^{-1}）的存在。[219]此外，其他亚胺连接的 COF，例如 TpBpy-COF［由 TP 和 2,2'- 联吡啶 -5,5'- 二胺（Bpy）合成］和 TpMa-COF，也能通过 Schiff 碱反应在较短时间内（45 ~ 180 min）通过机械化学合成得到。[220]在机械化学合成过程中，还观察到了 COF 层的剥离现象。然而，与溶剂热法制备的 COF 相比，机械化学合成的 COF 通常展现出较低的结晶度、孔隙率和比表面积。

3.3.4 声化学合成法

声化学合成技术以其低能耗、快速和成本效益高的特点，在合成领域中越来越受到重视。在这一过程中，通过声波在溶剂中产生的气泡形成和坍塌（空化效应），可以产生局部的高温和高压环境，从而加速 COF 的结晶过程。这种合成方法的优势在于显著减少了反应时间，同时能够获得具有较高比表面积和更细小晶体尺寸的产品。[221]通过声化学合成，研究人员在短短 1 h 内成功合成了 COF-1 和 COF-5。这些合成的 COF 在物理化学性质上与通过溶剂热法合成的 COF 相当，甚至在某些方面表现出更优异的性能。具体来说，这些 COF 展示了高达 2 122 $m^2 \cdot g^{-1}$ 的比表面积，并且它们的平均晶体尺寸是溶剂热法合成的 COF 的 1/100。此外，声化学合成还可用于将 COF 沉积在石墨烯、碳纳米管等材料上。[222]通常，将声化学合成与溶剂热合成相结合，可以以一种简便、快速的方式促进所需 COF 的形成。

3.3.5　离子热合成法

离子热合成是一种在极端条件下（熔盐和高温环境）进行的合成方法。这种方法因其反应条件的严格，通常不用于制备除基于腈三聚的 CTF 之外的 COF。2008 年，Thomas 首次在 400 ~ 700℃的熔融 $ZnCl_2$ 环境中成功合成了具有多孔性的 CTF-1。[223] 在这一过程中，熔融 $ZnCl_2$ 充当催化剂，促进了芳香腈的三聚反应，因为芳香腈在熔融 $ZnCl_2$ 中具有较好的溶解性，且在超过 400℃的高温下，芳香腈会通过 CeH 键断裂进行分解。随着 $ZnCl_2$ 用量的增加，虽然可以形成多孔结构，但得到的 CTF-1 通常是无定形的。类似地，在 2010 年，2,6- 萘二腈也在 400℃的离子热合成条件下合成了 CTF-2。[224] 然而，由于离子热合成的严苛条件，材料在合成过程中容易发生部分碳化，导致最终得到的 CTF 材料呈现深棕色至黑色粉末状。通过将离子热合成与其他技术如微波辅助法结合使用，不仅可以显著减少反应时间，还能得到非碳化且具有荧光特性的产物。此外，通过在较低温度（40℃）下进行离子热处理，也能够制备出结晶性好、碳化程度低的 CTF。[225]

3.3.6　其他合成方法

原则上，利用有机偶联反应的原理，可以制备出 COF 材料。举例来说，Suzuki 偶联反应因其出色的选择性，被用于合成一系列 CTF，该过程涉及 2,4,6- 三（4- 溴苯基）-1,3,5- 三嗪与硼酸酯化合物的缩合，其中［Pd（PPh_3）$_4$］作为催化剂参与反应。[226] 除了 Suzuki 偶联反应，其他类型的偶联反应，比如 Sonogashira Hagihara 偶联反应，也被应用于 COF 的合成。[227] 虽然合成 COF 通常需要在加热条件下进行，但在 TFMS 催化剂的作用下，某些 CTF，例如 CTF-T1 和 CTF-T2，能够在室温和普通空气气氛中合成。[228] 随着 COF 种类的日益增多，逐一进行合成和测试它们的光催化性能变得既低效又耗时。近期，Cooper 等人开发了一种高通量筛选方法，该方法能够快速且精确地识别出具有高析氢活性的目标线性聚合物。[229] 这一策略同样适用于高效地筛选出具有最佳光催化性能的 COF 材料。

3.4 纳米结构光催化材料的制备方法

纳米结构光催化材料的性能取决于其组成、结构和表面特性，可以通过调控材料的成分和形貌来优化其光催化活性。纳米结构光催化材料包括金纳米颗粒、二氧化钛纳米颗粒等传统的纳米材料，还有二维的石墨烯、氮化碳 / 氮化硼和 MXene，以及零维的量子点等新兴纳米材料。

3.4.1 石墨烯纳米结构光催化材料制备方法

3.4.1.1 水热法

水热法是一种用于在高压和高温下通过水性介质合成纳米颗粒的技术。研究人员研究了水热技术在制备 GO 纳米结构材料中的应用。[230] 水热技术的前身是碱性介质中的有机分子。尽管水热技术被认为是经济和环保的，但它通常涉及高温（温度范围在 160℃ ~ 180℃）和高压。[231]

然而，这种方法也存在一些局限性，例如，无法监测高压釜中晶体材料的生长情况等。Nawaz 等 [232] 评估了使用水热法合成纳米结构材料（rGO–TiO_2）以光降解卡马西平的情况。据观察，rGO–TiO_2 表现出比 TiO_2 高的吸附率和光降解率，因为在 90 min 内实现了 >99% 的卡马西平去除率。[233] 这归因于 rGO 在制备 rGO–TiO_2 过程中的有效性。Zhang 等 [234] 还开展了利用水热法合成 CuO–Cu_2O/GO 纳米复合材料的研究。据报道，所设计的纳米复合材料对甲基橙和四环素的催化氧化具有良好的双重功能，甲基橙降解率为 95%，四环素降解率为 90%。Pant 等 [235] 评估了在 130℃下通过水热技术制备 Ag_2CO_3–

TiO_2 纳米材料的情况，并发现吸附性增强了电荷分离、传输特性，扩展了光响应范围等。结果进一步表明，亚甲蓝染料和纳米复合材料的光催化降解抑制了光生电子 - 空穴对的复合速率，极大地延长了载流子的寿命。

图 3-3 总结了氧化石墨烯基纳米复合材料的水热合成方法。

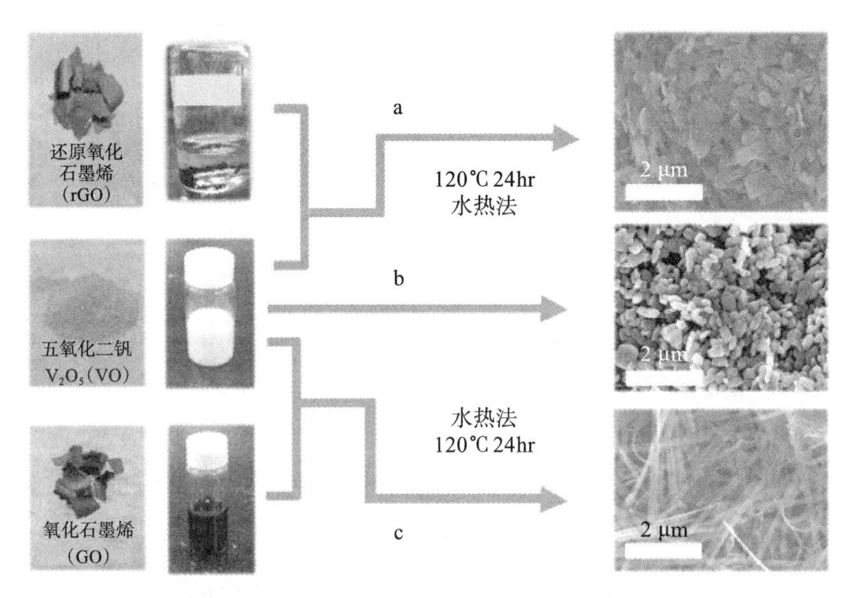

图 3-3　水热法合成氧化石墨烯基纳米复合材料[236]

3.4.1.2　溶剂热法

溶剂热法用于在高压和高温下通过非水介质制备不同的纳米颗粒。溶剂热法溶剂热技术可分为两类，如在碱性介质和有机分子前体存在下的合成。[237]溶剂热法合成路线被认为具有创新性，因为文献中很少发现关于氧化石墨烯生产的论文。溶剂热法生产氧化石墨烯具有以下几个优点：无毒，经济高效，反应过程中几乎没有副产物。[238]例如，Yuan 等[239]研究了用溶剂热法在石墨烯上沉积合成银来制备石墨烯 - 银纳米复合材料。作者通过去离子水 / 肼或乙二醇建立了良好的导电性。以肼为还原剂控制银纳米粒子的大小和形态。Lin-jun 等人采用溶剂热技术合成了石墨烯 – 银纳米复合材料，发现该复合材料电导率为 2.94 $s \cdot cm^{-1}$。[240]在乙醇溶液中通过溶剂热法合成了石墨

烯 $-Mn_3O_4$ 纳米复合材料。据报道，生长的材料是一种潜在的超级电容器材料，Mn^{2+} 和氧化石墨烯的质量百分比分别为 10% 和 90%，在 5 mV · s^{-1} 下也显示出约 245 F · g^{-1} 的高比电容。

3.4.1.3 共沉淀法

共沉淀法涉及金属阳离子从草酸盐、碳酸盐、甲酸盐或柠檬酸盐、氢氧化物等物质中的共沉淀。这些沉淀物在合适的温度下被转化为粉末。该方法存在不足，例如存在一些杂质，这些杂质也与分析物共沉淀。这一不足可以通过重新沉淀分析物来弥补，分析物会导致夹杂物（当污染物在转运蛋白的晶体结构中引起一个框架位点时，该框架位点大约是一个断层晶体学）和闭塞（当吸附的污染物在晶体内物理包围时）。

共沉淀法可以合成许多纳米复合材料，如 CeO_2−ZnO−NaI_2O_4。通过共沉淀技术制备的 rGO−TiO_2/Co_3O_4 纳米复合材料对染料具有良好的光催化效率。使用场发射扫描电子显微镜（FESEM）对合成材料进行了表征，分析显示 rGO 表面存在 TiO_2/Co_3O_4 吸附，而紫外 − 可见分光光度计（UV−vis）和光致发光光谱（PL）显示，发射和吸收发生在可见区域。rGO−TiO_2/Co_3O 在可见光的照射下对染料的降解性能最高。然而，这需要通过结合诸如共沉淀和插层聚合技术的方法来改进。例如，Mu 等[241]研究了通过原位或一锅共沉淀和插层聚合技术制备磁性石墨烯 / 聚苯胺纳米复合材料，并将该材料应用于染料的降解。通过插层聚合和共沉淀技术相结合的方法合成 Fe_3O_4/ 聚苯胺 /GO。通过对废水的选择性和可回收性测试，发现其对阴离子粒子具有良好的吸附能力，如磷酸根离子，如图 3−4 所示。

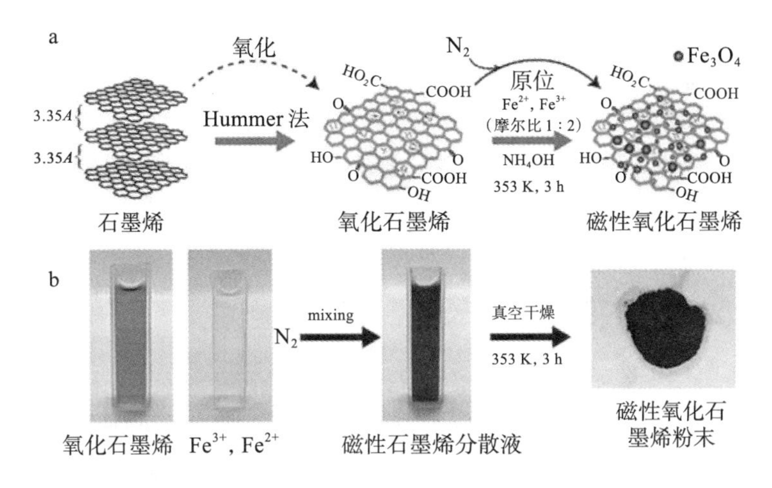

图 3-4 沉淀法合成氧化石墨烯基纳米复合材料[242]

3.4.1.4 溶胶 - 凝胶法

溶胶 - 凝胶法这是一种简单而廉价的湿法化学方法，用于制备具有良好控制尺寸的复合材料。在这种技术中，溶液逐渐演变成由固相和液相组成的凝胶状结构。溶胶 - 凝胶技术有两类，即水性和非水性。在非水性溶胶 - 凝胶法制备金属氧化物纳米颗粒的过程中，开发合理合成的第一步是阐述化学形成机制以及研究结晶过程。

3.4.1.5 溶液混合法

溶液混合法是一种广泛应用于合成 GO/ 金属氧化物纳米材料的技术，具有低温、快速去聚集和均匀的增强分散性等优势。该技术通过静电纺丝将两种不同的纳米颗粒混合在溶液中。例如，Suneetha 等[243]研究了通过溶液混合法制备锌掺杂氧化铁 /GO/ 聚合物的三元纳米复合材料。化学分析表明，纳米复合材料修饰电极具有良好的电容性能并且被认为是超级电容器应用的良好候选者。此外，曾祥等[244]利用超声技术合成了铝 - 氧化石墨烯复合材料，发现氧化石墨烯 - 铝纳米复合材料具有 255 MPa 的拉伸强度。

实验证明，石墨烯 - 氧化物 - 金属氧化物 / 金属纳米复合材料提高了机械性能，也解决了不同的能源和环境相关问题。此外，Nawaz 等[245]评估了通过溶液相中氧化石墨烯的紫外线辅助光催化还原制备石墨烯 $-TiO_2$ 纳米材料的有效方法。Galpaya 等[246]通过溶液混合法制备了具有氧化石墨烯负载的环氧树脂纳米复合材料，并发现环氧树脂基体中掺入的少量氧化石墨烯对环氧树脂的力学性能有显著影响。随着氧化石墨烯的加入，弹性模量从 0.1 wt% 稳定增加到 0.5 wt%，而氧化石墨烯对拉伸强度没有显著影响。Prabhu 等[247]利用溶液混合法制备 ZnO/rGO 纳米复合材料。结果表明，ZnO/rGO 纳米结构材料比 rGO 和 ZnO 具有更高的降解效率。

3.4.1.6 微波辐射法

微波辐射法不消耗太多能量，对环境友好，并加热均匀。微波辐射法具有几个优点，如反应时间短，反应环境更清洁，同时节省能源。研究人员已经应用微波方法制备了几种基于氧化石墨烯的纳米复合材料，但很少提及 rGO-$Ni_{0.4}Zn_{0.4}Co_{0.2}Fe_2O_4$ 纳米复合材料和 Mn_3O_4rGO 纳米复合物等。[248]有研究者研究了与 rGO 和 $Ni_{0.4}$-$Zn_{0.4}$-$Co_{0.2}Fe_2O_4$ 相比，所制备的纳米复合材料表现出优异的宽吸收带宽和电磁波吸收性能，没有将制备的纳米复合材料用于任何降解过程。[249] Varghese 等[250]也报道了基于氧化石墨烯的电极表现出增强的电化学性能。大多数氧化石墨烯基纳米复合材料都是使用水热法制备的，因为即使在高温高压下也具有生态友好和经济可行性。

3.4.2 氮化物纳米结构光催化材料制备方法

在理论的指导下，科学家尝试了多种实验技术来合成这种理论上具有低密度和高硬度特性的非极性共价键材料。常见的合成技术包括冲击波压缩、高压分解、离子注入、反应溅射、等离子体增强化学气相沉积（PECVD）、电沉积、离子束辅助沉积、低能离子辐照、脉冲电弧放电和脉冲激光诱导等方法。然而，合成这种超硬材料的过程并不顺利，通常得到的是无定形的碳氮（CN）薄膜，只有少数实验能够产生纳米尺寸的 C_3N_4 晶体嵌入在无定形薄膜中，而获得大尺寸晶体的情况则更为罕见。此外，由于缺乏天然存在的参考样本，加之碳氮化物的不同相态能量相近，使得在合成的薄膜中很难获得单一相的碳氮化物，这给材料的准确表征带来了诸多挑战。例如，红外（IR）光谱吸收峰的确切位置、X射线衍射（XRD）或透射电子显微镜（TEM）的结果与理论预测值之间的显著差异，以及拉曼光谱仪显示出石墨或无定形碳膜的特征等，这些问题都使得碳氮化物的合成研究进展相对缓慢。尽管如此，一些研究结果已经表明，即使是无定形的CN薄膜，也展现出了相当高的硬度、耐磨性、氢气储存能力和卓越的场发射性能，这些都是值得进一步研究的重要特性。

3.4.2.1 高温高压法

理论预测表明，结晶态的碳氮化物属于亚稳态材料。合成亚稳态材料的有效手段之一是采用高温高压技术。通过这种方法，人们已经成功制造出毫米级别的金刚石和立方氮化硼，这些材料在工业领域得到了广泛的应用。在尝试合成结晶氮化碳时，研究人员利用冲击波在高压环境下对三聚氰胺树脂的热解产物进行了处理，但最终获得的是无定形碳和金刚石的混合物质。这一现象可能归因于在高压条件下，金刚石相比结晶氮化碳具有更高的稳定性，以及在高压过程中对热力学反应的控制不足。到目前为止，通过高温高压技术合成出结构完整的氮化碳晶体尚未成功。

3.4.2.2 离子注入法

离子注入技术能够在局部区域内创造出非平衡反应的条件，这有助于合成亚稳态相材料。因此，采用氮离子注入技术来探索碳氮化物晶体的合成也引起了研究者的兴趣。常用的基底材料包括高纯度石墨、无定形碳以及通过化学气相沉积技术制备的金刚石薄膜。离子注入的能量和基底的温度对薄膜中的氮含量及其结构有重要影响，通常较低能量的离子注入和较低的基底温度有助于增加薄膜中的氮含量以及Sp^3 C—N键的数量，同时还能提高沉积速率。然而，高能氮离子束可能会引起碳基质的石墨化和非晶化，这限制了通过氮离子注入合成碳氮化物晶体的研究进展。目前，通过氮离子注入技术来优化无定形碳氮化物薄膜的结构、性能，并提高薄膜中氮原子的含量，已成为离子注入技术研究的一个新兴方向。

3.4.2.3 气相沉积法

在探索碳氮化物晶体合成的过程中，物理或化学气相沉积技术相较于其他合成策略展现出了较为显著的成果。这一技术通过在反应环境中引入具有高活性的氮和碳原子或离子，实现在基底材料上形成碳氮化物薄膜。

首次关于β-C_3N_4晶体的实验室合成尝试，涉及将高浓度氮原子与脉冲激光蒸发石墨靶产生的碳原子结合。透射电子显微镜（TEM）的观测结果与理论预测相一致，从而确认了β-C_3N_4晶体的形成。然而，该技术制备出的C-N膜结晶质量不高，晶体粒径也小于10 nm，因此，该研究并未提供氮化碳晶体的扫描电子显微镜（SEM）直观图像。首次观察到β-C_3N_4晶体形态的照片是在氮气环境下，通过射频溅射石墨靶在硅（Si）和锗（Ge）基底上沉积得到的碳氮化物薄膜，其中在Si基底上发现了约1μm大小的单晶。由于该单晶仅出现在硅基底与C-N薄膜的界面，且在Ge基底上未观察到，加之硅基底可能对晶体组成原子的定量比产生影响，因此，该晶体的真实组成受到了质疑，可能与后来研究中发现的$C_{3-x}Si_xN_y$晶体相似。

为了消除硅元素的干扰，研究人员采用偏压辅助热丝化学气相沉积技术在镍（Ni）基底上成功合成了形态清晰的C_3N_4六角晶体。尽管如此，在化学气相沉积条件下，C-H和N-H化合物的形成更为常见，导致通过等离子体增强化学气相沉积或物理气相沉积技术制备的碳氮化物薄膜大多为非晶态。因此，许多研究工作集中在薄膜的机械性能和场发射特性上，而关于碳氮化物晶体的合成和结构研究进展相对缓慢。

3.4.2.4 液相电沉积法

近期，液相电沉积技术在碳氮化物薄膜的合成研究中得到了应用。在电沉积领域，研究者多采用有机溶剂作为电解液，合成出的碳氮化物薄膜通常呈现非晶态。通过傅里叶变换红外光谱（FT-IR）分析，确认了薄膜中C-N和C═N键的存在。实验中，通过改变电极配置和增加工作电压以引发电极间火花放电，证实了薄膜中C_3N_4晶体的形成。分析显示，在强电场作用下，含氮有机物分子可能发生断裂，生成直接相连的碳氮分子碎片，这有利于碳氮化物晶体的形成。然而，X 射线衍射（XRD）结果中仍存在一些不确定的衍射峰，仍需进一步研究电化学沉积碳氮化物薄膜的具体机制。

在碳氮化物晶体的合成研究中，即便使用相同的合成技术，不同研究者在晶体形态直观观察、结构测定和光谱分析等方面鲜有可相互验证的结果。这与 20 世纪 80 年代末发现金刚石可通过化学气相沉积法在低压下合成后的研究状况截然不同。从这个角度来看，碳氮化物晶体的合成仍需探索新的合成技术。

碳氮化物合成的难点之一是实验中难以获得大尺寸且高质量的单晶，这导致其结构表征存在很大的不确定性。早期的研究多通过 X 射线衍射分析主要由氮、碳组成的薄膜，并将结果与理论预言值比较，以分析薄膜的结晶情况。但由于理论预言的几种碳氮化物晶体的结合能非常接近，生长过程中可能相互竞争，导致不同相的 XRD 谱线可能重叠。同时，薄膜的结晶度低，X 射线衍射强度较低，衍射峰归属存在不确定性，降低了表征方法的可信度。尽管透射电镜观察单个微小晶体可得到较为准确的结果，但由于样品制备困难，此类研究报道较少。

由于多种合成方法得到的碳氮化物薄膜中氮碳原子比通常低于理论配比，薄膜中氮的含量成为评价薄膜质量的一个重要指标。在氮碳薄膜的氮碳原子含量和化学键分析研究中，X 射线光电子能谱（XPS）、能量色散 X 射线分析（EDXA）以及俄歇电子能谱（AES）等技术被广泛应用。薄膜中氮含量随反应等离子体中氮分压的增加而增加，但在氮分压较低时，氮原子含量随氮分压的增加而快速增加，而在氮分压较高后趋于饱和。在氮、碳离子束沉积中，薄膜中氮含量随氮离子含量的增加而增加，但当氮离子含量过高时，由于溅射效应，可能无法观察到碳氮化物薄膜的生成。脉冲激光沉积中也观察到类似的规律。XPS 分析技术在薄膜结构分析中被广泛使用，通过拟合 Cls、Nls 谱线来确定薄膜中氮碳原子的含量和成键状态。然而，由于薄膜中杂质原子的影响，XPS 谱的拟合分析结果并不一致。在一些研究中，结合 XPS、拉曼光谱和红外光谱结果进行分析，得到了可相互验证的结果。寻找有利于 Sp^3 碳键 C—N 键形成的合成方法和条件，是合成 $\beta-C_3N_4$ 晶体的关键。拉曼光谱由于对石墨碳的高灵敏度，广泛用于炭基材料的表征。尽管已有理论计算值预测了各种碳氮化物晶体的拉曼光谱特征峰位置，但在大多数关于碳氮化物薄膜样品的拉曼光谱分析中，除了与碳有关的 D 峰和 G 峰外，很少有与理论计算的特征峰相吻合的报道。

3.4.3 MXene 基纳米结构光催化材料制备方法

材料的制备方法对其性能有一定的影响。通过从 Ti_3AlC_2 蚀刻 Al 层来制备第一个 MXene Ti_3C_2Tx。通常，MXene 的制备路线分为化学方法和物理方法。从环境角度来看，MXene 的化学制备方法在反应过程中释放出一些有害杂质，对环境有毒。MXene 生产的物理方法没有这些缺点。如今，世界面临着巨大的环境问题，因此，高效、创新、环保、性能优良、可靠的 MXene 合成技术具有广阔的应用前景。

3.4.3.1 化学法

MXene 通常由其母体材料 Ti_3AlC_2 通过从母体材料中去除 Al 层来合成。采用 HF 酸法从 Ti_3AlC_2 中去除 Al 层，合成了第一个 MXene。生产 MXene 的详细反应如下所述；第二步和第三步分别表示 · F 和 · OH 基团的产生。[251]

$$Ti_3AlC_2+3HF \rightarrow AlF_3+3/2H_2+Ti_3C_2 \qquad (1)$$

$$Ti_3C_2+2H_2O \rightarrow Ti_3C_2(OH)_2+H_2 \qquad (2)$$

$$Ti_3C_2+2HF \rightarrow Ti_3C_2F_2+H_2 \qquad (3)$$

HF 酸法合成 MXene 对环境危害很大，但不幸的是，它从开始到现在一直被广泛使用。此外，由于氧化的可能性，氧化剂的使用限制了 MXenes 的合成和使用。

基于氟化物的蚀刻工艺对工艺的安全和环境非常有害。通过 HF 蚀刻工艺开发的 MXene 具有 $^-$F 或 $^-$O 官能团，这些官能团对 MXene 的特性有重要影响。由于这些严重的问题，科学家引入了一种新的无氟电化学蚀刻方法。通过这种方法，消除 Al 层形式的 MXene 母体材料 Ti_3AlC_2 和 Ti_2AlC，开发了许多 2D MXene 的 Ti_2CT_x[252]、$Ti_3C_2T_x$[253]、V_2CT_x 和 Cr_2CT_x。[254]

3.4.3.2　物理法

MXene 的化学法有一些明显的缺点，如腐蚀性和生产过程中的污染物的排放。但是 MXene 生产的物理法克服了化学过程的这些限制。Mei 等[255]使用无氟紫外线诱导的选择性蚀刻方法从母体材料 Mo_2Ga_2C 合成 Mo_2C MXene。在该工艺中，使用紫外线光源从母体材料中去除加倍的镓（Ga）层。该技术使用紫外线激光辐射数小时和相当弱的 H_3PO_4 溶液来实现弱 Ga 涂层的目标去除。这项研究提出了剥离 MXene 作为电池储能的潜在用途。开发的高度多孔 MXene 具有显著的 2D 片状结构。

对于 MXene 的生产，给定的物理方法非常好，因为它消除了危险和避免了极腐蚀性化学品的使用，并显著缩短了蚀刻时间。但不幸的是，该技术不适用于没有紫外线反应性的其他 MXene，仅适用于某些品种的 MAX 相。[256]

第4章

绿色环保光催化功能材料的性能评价

绿色环保光催化功能材料的性能可以从以下几个方面进行分析：

（1）光催化活性：这是衡量光催化材料性能的重要指标。材料需要具有高度的光催化活性，能够有效地吸收光能并将其转化为催化反应所需的能量，以促进有害物质的降解。

（2）吸光性能：材料需要在可见光或紫外光等特定波长范围内表现出较高的吸收能力，以便能够充分利用光能来触发催化反应。

（3）载流子分离和传输性能：在光催化过程中，光激发产生的电子－空穴对需要快速分离，以避免复合，从而提高反应效率。因此，优秀的光催化材料应当具有有效的载流子分离和传输能力。

（4）稳定性：光催化材料需要在长时间使用过程中保持其性能稳定性，不受环境条件或催化反应的影响，以保证持久的催化活性。

（5）选择性：一些催化反应需要特定的选择性，即只针对目标有害物质进行反应，不影响其他有益物质。材料的选择性将影响其在实际应用中的效果。

（6）表面积和结构：光催化材料通常具有较大的比表面积和特定的表面结构，以提供更多的反应活性位点，从而增加催化效率。

（7）资源可持续性：考虑到环境保护的角度，绿色环保材料应当尽可能地使用可再生、可持续资源，以减少对有限资源的依赖。

需要根据具体的研究目的和条件选择合适的评价方法，综合考虑多个方面的指标，以全面评估绿色环保光催化材料的反应活性。

4.1　光催化活性评价

光催化活性测试是最直接的方法之一，涉及将光催化材料暴露于光源下，观察其在特定条件下催化目标反应的能力。反应的速率和产物的生成量可以用来评价材料的活性。光催化材料的催化活性评价是研究这些材料在光照条件下促进化学反应的能力的过程。光催化材料通常是半导体材料，它们能够吸收光能并将其转化为电子和空穴，从而引发化学反应。

以下是一些常用的光催化活性评价方法：

光催化降解实验：这种方法通常用于评估光催化材料在光照下降解有机污染物的能力。将目标污染物暴露于光催化材料表面，然后通过监测污染物浓度的变化来评估反应效果。

光电流测量：光电流测量是通过将光催化材料置于电极中，然后测量在光照下产生的电流来评估材料的催化活性。高催化活性的材料会产生较大的光电流。

光谱分析：通过记录光催化材料在光照下的吸收、发射或散射光谱，可以获取关于材料电子结构和激发态的信息，从而评估其催化活性。

比表面积测量：光催化材料的比表面积与其催化活性之间存在关联。通过氮气吸附 – 脱附等方法可以测量材料的比表面积，从而间接评估其催化活性。

光催化活性测试反应：选择一种特定的光催化反应，例如，水的光解制氢或二氧化碳的还原，来评估材料的催化活性。在标准条件下，观察反应速率或产物产量的变化。

内部量子效率（IQE）测量：是评估光催化材料利用吸收光能产生电子和空穴的效率的方法。通过比较吸收光谱和发射光谱，可以估计材料的内部量子效率。

光致发光（PL）谱分析：是通过测量材料在受到外界激发后发出的荧光光谱来评估电子和空穴的重新组合过程，从而推断材料的催化活性。

电化学阻抗谱（EIS）：是一种用于表征材料电化学性能的方法，可用于评估光催化材料的电子传输和电荷转移过程，从而了解其催化活性。

4.2 吸光性能评价

光催化材料的吸光性能是指材料对光线的吸收能力，通常与材料的光学性质有关。这些性质可以影响光催化反应的效率，因为光催化反应通常需要材料吸收特定波长的光来触发化学反应。

光催化材料的吸光性能可以通过以下因素来描述和评估：

吸收谱：是一个材料吸收不同波长光线的能力的图表。光催化材料通常在紫外光、可见光或红外光范围内吸收光线。吸收谱可以告诉我们材料对哪些波长的光线具有高吸收率。

吸收边缘：是指在吸收谱中的起始点，表示材料开始吸收光的波长。在吸收边缘之前的光线不被材料吸收，而在吸收边缘之后的光线被吸收。

吸收系数：是描述材料对特定波长光线的吸收程度的参数。它可以用来比较不同材料的吸光性能，较高的吸收系数通常表示更高的吸光性能。

带隙能量：是指材料中电子从价带跃迁到导带所需的最小能量。它通常与材料的吸收谱相关，较小的带隙能量通常意味着材料对可见光有更好的吸收性能。

光学响应范围：是材料能够吸收光线的波长范围。一些光催化材料可能对可见光具有高度吸收性能，这在太阳能光催化中特别有用。

吸收强度：描述了材料对光线的吸收强度，通常用吸收峰的强度来表示。

了解光催化材料的吸光性能对于设计和优化光催化反应至关重要，因为它可以帮助科学家选择适合特定应用的材料，并提高反应的效率。要进一步了解特定材料的吸光性能，通常需要进行实验测量或使用计算方法来研究其光学性质。

4.3　载流子分离和传输性能评价

光催化材料的载流子分离和传输性能是影响其光催化效率的关键因素之一。光催化是一种利用光能驱动化学反应的过程，其中光催化材料吸收光能后产生激发态载流子（电子 - 空穴对），这些载流子参与催化反应。为了有效地利用这些激发态载流子，必须确保它们能够迅速分离并在材料中传输，以避免再次复合。

以下是影响光催化材料载流子分离和传输性能的一些因素：

载流子分离界面：光催化材料通常由多个组分组成，如半导体纳米晶体和催化剂。这些组分之间的界面对于载流子分离至关重要。合适的界面能够有效地分离激发态载流子，防止电子和空穴重新结合。

载流子迁移率：载流子的迁移率决定了它们在材料中传输的能力。高迁移率意味着载流子能够迅速穿过材料，增加参与催化反应的机会。材料的结晶度、晶体缺陷等因素都会影响载流子的迁移率。

表面状态：材料表面的化学状态和结构可以影响载流子的分离和传输。表面缺陷、吸附物种等可以影响载流子在表面附近的传输。

电子结构：材料的能带结构影响载流子的生成、分离和传输。能带结构决定了电子和空穴的能级位置，从而影响它们的移动行为。

光吸收和光生载流子的位置：光催化材料吸收光能后会产生载流子。这些载流子的产生位置（如材料表面、体内）会影响它们的分离和传输过程。

为了提高光催化材料的载流子分离和传输性能，研究人员通常会采取多种策略，例如控制材料的晶体结构、优化界面工程、引入掺杂物以调控能带结构等。这些策略有助于最大限度地提高载流子的利用率，从而提高光催化材料的效率。

4.4 稳定性能评价

光催化材料的稳定性能评价通常是指在光催化反应中，材料在长时间内保持其催化活性和结构稳定性的能力。稳定性是衡量光催化材料实际应用潜力的重要因素之一，因为在实际环境中，材料可能会受到光照、温度、氧化还原循环等多种因素的影响。

以下是一些常见的光催化材料稳定性评价指标和方法：

晶体结构稳定性：包括材料的晶格结构是否受外界条件的影响而发生变化。晶体结构的稳定性直接影响到光催化反应的效率和持久性。

表面稳定性：材料的表面特性对光催化反应至关重要。在实际应用中，材料的表面可能会暴露在气体、液体等各种环境中，因此表面的稳定性能够确保反应的可靠性。

界面稳定性：在某些情况下，光催化材料可能与其他材料或催化剂一起使用。这时，材料与其他组分的界面稳定性需要考虑，以确保整个体系的性能稳定。

长期光稳定性测试：材料在光催化反应条件下进行长时间稳定性测试，通过监测催化活性的衰减来评估其稳定性。这可以在恒定的光照条件下进行，或者模拟实际环境中的光照变化。

循环稳定性测试：将光催化材料在不同氧化还原环境下进行循环测试，模拟实际使用中的氧化还原循环。这可以通过交替暴露材料于氧化性和还原性气氛中来实现。

温度稳定性测试：在不同温度下测试材料的催化活性和结构稳定性。高温可能会导致材料的晶体结构改变或活性位点失活。

光照稳定性测试：材料在不同光照强度下测试其稳定性。高强度光照可能引发材料的退化或劣化。

材料表面分析：利用表面分析技术如扫描电子显微镜（SEM）、透射电子显微镜（TEM）、X 射线光电子能谱（XPS）等，观察材料表面的变化，检测晶体结构的稳定性以及可能的表面劣化。

失活机制分析：研究材料失活的机理，了解可能的反应路径和产物，有助于设计更稳定的光催化材料。

负载或包覆：将光催化材料负载在稳定的载体上或者包覆在保护层中，以提高其稳定性。

需要注意的是，稳定性评价需要综合考虑多种因素，并且可能因不同的光催化反应和应用环境而异。在研究和开发过程中，不断优化材料结构和性能，以提高光催化材料的稳定性是至关重要的。

4.5　选择性能评价

光催化材料的选择性能评价是一个重要的研究领域，主要用于评估材料在光催化反应中对特定目标产物的选择性。以下是一些常用的光催化材料选择性能评价指标：

产物选择性：是衡量光催化材料在特定反应中产生目标产物的能力。高产物选择性表示材料能够有效地将反应物转化为目标产物，而不产生不需要的副产物。

产率：指的是光催化反应中目标产物的生成量与反应时间的比率。高产率意味着材料能够高效地将反应物转化为目标产物，从而提高反应的经济效益。

反应速率：是衡量光催化反应进行快慢的指标。较高的反应速率表示光催化材料能够在短时间内有效地促进反应的进行。

催化稳定性：催化剂的稳定性是一个关键因素，特别是在长时间的反应中。材料应当能够在连续光照下保持其催化活性，而不发生明显的失活或退化。

光吸收与载流子分离：光催化材料的光吸收性能和载流子分离能力直接影响其催化活性。高效的光吸收和有效的载流子分离有助于提高催化反应的效率。

抗光腐蚀性：在长时间光照条件下，一些材料可能会受到光腐蚀影响，导致其表面性质发生变化。抗光腐蚀性能评价可以帮助选择在持久光照下保持稳定的材料。

材料特性：一些特定的材料特性，如晶体结构、表面形貌、能带结构等，都会影响光催化性能。评价这些特性可以帮助了解材料的催化机制和性能。

可重复性和再现性：对于科研和工业应用而言，光催化材料的性能应当是可重复的和可再现的，以保证实验结果的准确性和可靠性。

综合考虑以上因素，研究人员可以通过实验测试、材料特性分析、理论模拟等手段来评价光催化材料的选择性能。不同的光催化应用可能对这些评价指标有不同的重视程度，因此在具体应用中需要根据实际需求进行权衡。

4.6　表面积和结构评价

为了提高光催化功能材料的效率和稳定性，材料的设计和优化是至关重要的。结构调控：通过调控材料的晶体结构、晶体形貌和孔隙结构等，可以改变光催化剂的光吸收性能、载流子传输性能和表面反应活性，从而提高催化效率。杂质掺杂：引入适量的杂质掺杂能够调节催化剂的能带结构和能级位置，增强光催化剂的光吸收能力和载流子分离能力，提高催化效率。共掺杂：通过合理选择多个元素进行共掺杂，可以进一步优化催化剂的光催化性能和稳定性。催化剂载体：选择合适的载体材料可以提高光催化剂的稳定性、可重复使用性和催化效率。

光催化材料的表面积和结构评价是材料科学中的关键方面，它们与材料的催化性能直接相关。表面积评价：表面积是指单位质量或单位体积的材料表面上的有效面积。对于光催化材料来说，较大的表面积有助于提供更多的反应活性位点，从而增强催化性能。表面积评价常使用比表面积（BET）来表征，其测量基于气体吸附/脱附的方法。气体分子在材料表面附着和脱附，从而可以确定表面的吸附活性位点数量，进而计算出表面积。结构评价：光催化材料的结构评价包括晶体结构、晶粒大小、晶体形态以及孔隙结构等方面。这些特性直接影响光催化反应的效率和选择性。例如，晶粒大小较小的材料可能具有更多的晶格缺陷，这些缺陷可能是催化反应的活性位点。孔隙结构也是影响材料光催化性能的重要因素，因为孔隙可以提供更大的表面积用于反应发生。

评价光催化材料的结构通常使用一系列技术。X射线衍射，用于确定材料的晶体结构、晶粒大小和晶体形态。透射电子显微镜可用于观察材料的微观结构和晶粒大小。扫描电子显微镜用于观察材料表面形貌、孔隙结构等。氮气吸附/脱附用于测量孔隙结构和表面积。这些技术的结合可以提供全面的光催化材料表面积和结构信息，从而帮助科研人员理解材料的催化性能并优化设计。

4.7　资源可持续性评价

对光催化材料的资源可持续性评价主要涉及以下几个方面。

原材料可持续性：评估光催化材料所需的原材料来源是否可持续。这包括评估原材料的开采、加工、运输等环节对环境的影响，以及是否存在替代性的可再生原材料。

能源消耗：评价光催化材料的制备过程中是否需要大量能源，以及该能源是否来自可再生和低碳的来源。高能耗制备过程可能会降低材料的可持续性。

生命周期分析：进行光催化材料的生命周期分析，从原材料获取、制备、使用到废弃等各个环节综合评估其环境影响，包括温室气体排放、水资源消耗等。

废弃物处理：评估光催化材料使用后产生的废弃物如何处理。可持续性评价需要考虑是否能够循环利用、回收或安全处理废弃物。

性能稳定性：光催化材料的稳定性和寿命对其可持续性至关重要。如果材料在使用过程中迅速失效或需要频繁更换，可能会导致资源浪费。

环境影响：评估光催化材料在实际应用中对周围环境的影响。这包括材料释放到环境中的化学物质、对生态系统的潜在风险等。

社会影响：考虑光催化材料应用对社会的影响，包括是否带来就业机会、技术转移是否有利于发展中国家等。

政策和法规：评估光催化材料制备和应用过程中是否符合当地和国际的环境法规和政策，以确保合规性。

第5章

绿色环保光催化功能材料当前主要研究领域与挑战

绿色环保光催化材料在许多领域都有广泛的应用。以下是一些光催化领域的应用案例：

（1）污水处理和水净化：光催化材料如二氧化钛（TiO_2）被广泛应用于污水处理和水净化领域。通过光催化反应，有害有机物和细菌可以被降解和杀灭，使废水得到净化。

（2）CO_2 的光催化还原：CO_2 光催化是光催化剂在照作用下，将 CO_2 转化为燃料或化学品，如甲烷或甲醇，同时产生 H_2，实现资源的循环利用。

（3）光催化脱氮：光催化材料被应用于脱除废水中的氨氮。光催化反应可以将氨氮转化为氮气，从而减轻水体中的氮污染。

（4）光催化制氢：光催化材料可以通过光合水分解反应生成氢气，作为一种清洁的可再生能源。

（5）光催化空气净化和 $PM_{2.5}$ 处理：光催化材料可以应用于大气污染物的治理，如颗粒物（$PM_{2.5}$）的捕获和降解，以改善空气质量。

（6）光催化杀菌和消毒：光催化材料可以应用于消毒和杀菌领域，用于杀灭细菌、病毒和微生物，从而净化水源和空气。

这些是仅举的几个绿色环保光催化材料应用的例子，实际上，光催化材料在环境治理、能源领域和健康卫生等多个领域都具有应用潜力和价值。

5.1 污水处理和水净化

光催化在污水处理中可以用来分解有机物、氧化重金属离子、消灭细菌等。通过将光催化剂投入反应池中，经过光照作用，污染物会被分解成CO_2、H_2O等不具有污染性的产物。这种方法可以有效地净化污水，降低水体污染。除了污水处理，光催化还可应用于自来水、地下水和表面水的净化。它可以去除水中的有机物、异味、色素等，从而提高水的质量。特别是在偏远地区或没有健全水处理设施的地方，光催化可以是一种相对简单和有效的水净化方法。

光催化广泛应用于环境领域，包括城市污水处理厂、工业废水处理、饮用水净化以及一些特殊环境下的水处理需求。它具有操作相对简单、设备维护成本较低等优点。尽管光催化在水净化领域具有巨大潜力，但也面临一些挑战，例如光催化剂的选择、光吸收效率的提高以及实际应用中的工程难题。研究人员持续致力于提高光催化的效率和稳定性，以便更好地满足不同的水净化需求。

5.1.1 半导体光催化材料用于污水处理

在光催化净化水的情况下，典型的方法是使用TiO_2粉末，该粉末在紫外线照射下分散在污染水中。然而，由于时间和成本等因素，粉末必须在处理后从水中去除，这对实际应用来说是一个严重的问题。在空气净化的情况下，应将TiO_2粉末固定在基底上以抑制分散。为了克服这些问题，应该使用具有光催化性能的基底。最近，开发了一种基于钛网的光催化过滤器，并将其用于水和空气净化。[257]通过将TiO_2纳米颗粒涂覆在钛网上，然后煅烧来制备过滤器。该过滤器对亚甲基蓝进行了有效的光催化脱色以净化水，对乙醛进行了降解以净化空气。

半导体光催化材料在污水处理和水净化领域中的应用已经得到了广泛研究和关注。这些材料通过光能激发产生的电子－空穴对来促使化学反应，从而降解有机物、杀灭细菌和去除污染物。

半导体光催化材料在污水处理中的主要应用包括以下几点。

（1）有机污染物去除：半导体光催化可以有效降解水中的有机污染物，如染料、农药、药物残留等。光催化反应通过产生氧化剂（如氢氧自由基）来分解有机分子，将其降解为无害的物质。

（2）重金属去除：光催化还可以用于去除水中的重金属离子，如铅、汞、镉等。光催化材料的表面可以吸附重金属离子，并通过光催化反应将其转化为固体沉淀物，从而从水中去除。

（3）水中有害物质的降解：光催化还可以用于降解水中的各种有害物质，如农药残留、工业废水中的有机化合物等。

（4）废水处理和净化：半导体光催化材料可以用于工业废水的处理和净化，帮助企业遵守环保法规并减少对周围环境的影响。

与 TiO_2 光催化相关的另一个问题是降解有机污染物的效率低。为了使用 TiO_2 光催化提高有机污染物的降解率，可以使用强光源[258]或臭氧[259]作为辅助。例如，由带有准分子灯的 TiO_2 网状过滤器组成的空气净化系统显示出甲硫醇（CH_3SH）的有效分解。[260]臭氧还可以帮助光催化分解水中的有机污染物。苯酚是一种有机污染物，在 UV-C 光照和臭氧下使用 TiO_2 过滤器可以有效分解。有机污染物不仅被 TiO_2 催化分解，而且被还原产生的 $O_3^{\cdot -}$ 分解，$O_3^{\cdot -}$ 可以氧化有机污染物。

5.1.2 MXene 基纳米结构光催化材料用于污水处理

5.1.2.1 MXene 基纳米结构光催化材料用于有机污染物处理

染料对我们的日常生活至关重要，用于皮革、纺织品、纸浆和纸张、化妆品和食品加工行业着色或喷漆，[261]其中一些颜色会刺激皮肤和眼睛。许多引起过敏和癌症的人造染料已被禁止使用。尽管许多染料仍然是合法的，但它们可能并不是绝对安全的。大多数合成染料是不可生物降解的。因此，它们在陆地和河流中的堆积，给环境带来了挑战。在引入合成染料之前，由植物、动物和矿物制成的天然色调被广泛使用。染料在水中的额外水平可利用性会阻碍光合作用过程，因为它减少了广泛光合作用过程中的过量光照。

亚甲基蓝（MB）染料是由英国的卡罗于1876年首先发现的。[262] MB是吩噻嗪化合物中的一员，其化学名称为四甲基硫堇氯化物。它在氧化状态下显示深蓝色，当还原为无色MB时呈无色。[263] 它可溶于水和有机溶剂。[264] 它是第一种在临床医学中用作抗菌剂的合成物质，也是第一种防腐染料。[265] 在磺胺类药物和青霉素开发之前，使用MB及其化合物在化疗中很常见。[266]

Cui等[267] 利用简单的水热工艺合成了非常薄的Bi_2WO_6/Nb_2CT_x杂化纳米片，用于光催化降解罗丹明B（RhB）、MB和盐酸四环素（TC-HCl），如图5-1。各种表征技术被用于评估Nb_2CT_x、Bi_2WO_6和Bi_2WO_6/Nb_2CT_{xs}纳米材料的横向尺寸、zeta电位、XRD光谱和结构行为。钨酸铋（Bi_2WO_6）具有优异的热稳定性、化学稳定性和光稳定性，是降解染料最常用的光催化剂之一。它们有限的光降解性能极大地限制了它们的使用，因为它们对光生电子-空穴

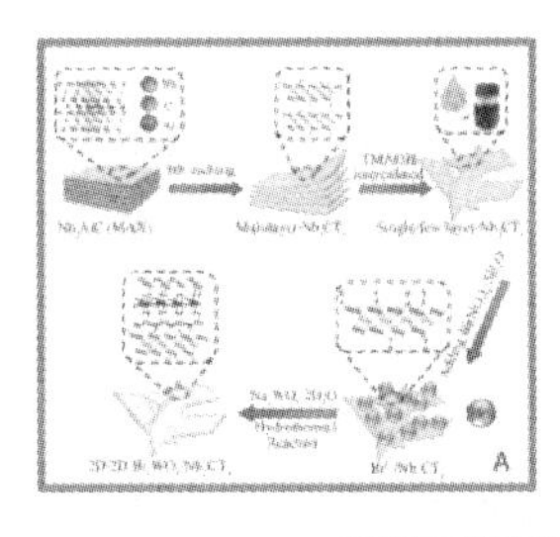

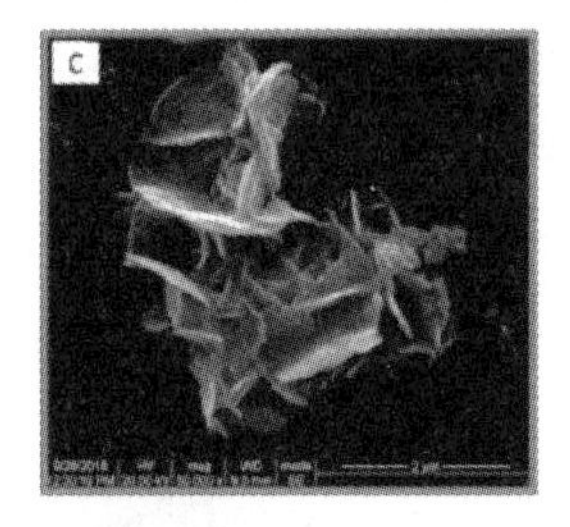

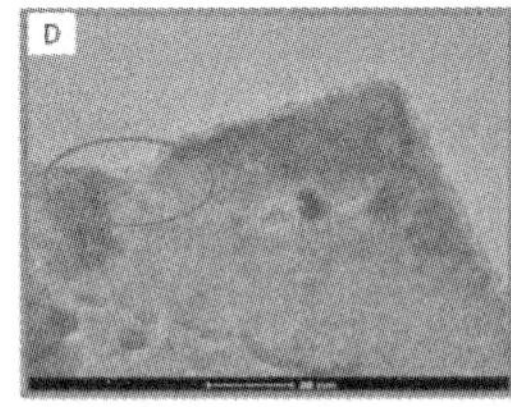

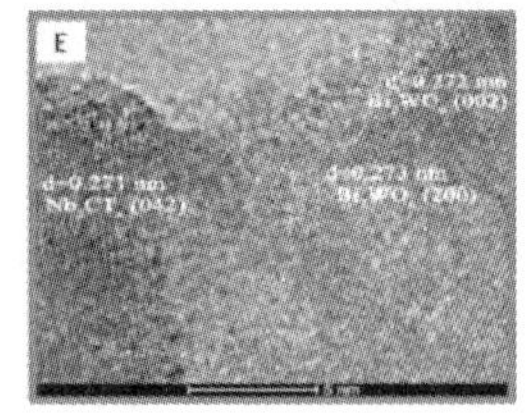

图5-1 （A）Bi_2WO_6/ Nb_2CT_x纳米片的合成工艺，（B）多层Nb_2CT_x的SEM图像，（C）Bi_2WO_6，（D）BN-2的TEM图像，（E）D中红色圆圈的放大区域[267]

对的分离速度较低。MXene 是加速光生电子 - 空穴对分离的最有利材料之一。因此，当 Bi_2WO_6 与 Nb_2CT_x 形成复合物以改变其光催化特性时。与 Bi_2WO_6 相比，Bi_2WO_6/Nb_2CT_x 光催化剂对 MB 的光降解性能优异，达 92.7%。Bi_2WO_6 与两倍 wt%Nb_2CT_x 组合对 MB 的光催化常数为 0.028 5 min^{-1}，比纯 Bi_2WO_6 高出两倍。

Peng 等[268]利用水热合成技术开发了用于从水中降解有机染料亚甲基蓝的（11）TiO_2/TC_2 光催化剂。原始 TiO_2 的光催化性能并不那么优异，因为当与 Ti_3C_2 结合以改变其光催化性能时，它没有表现出大的比表面积和层间距。与 MXene 结合后，获得了较大的比表面积和层间距。Ti_3C_2 封端的官能团 −OH 的作用对于两种染料的光降解都非常重要。所开发的（11）TiO_2/Ti_3C_2 光催化剂在 2.3 h 内降解水中有机染料 MB 的光降解性能为 85%。该研究为基于 2D MXene 纳米材料的光催化剂的逻辑设计铺平了道路。

Liu 等[269]通过煅烧和水热法制造 $CdS/Ti_3C_2/TiO_2$ 纳米复合光催化剂有校对有机 MB 进行了有效降解。各种表征技术，如场发射扫描电子显微镜（FESEM）、X 射线衍射仪（XRD）、X 光光电子能谱（XPS）和 Brunauer–Emmett–Teller（BET），已被用于评估所开发的 $CdS/Ti_3C_2/TiO_2$ 纳米复合光催化剂。通过开发的 CdS/Ti_3C_2 在 1.46 h 内获得了 TiO_2 纳米复合光催化剂。

有机甲基橙（MO）染料于 1876 年被发现；同年，在他们发现的时候，Griess 认识到了 MO 的双色性质。[270]它是一种更突出的染料，在环境温度下不可生物降解。[271]MO 是磺化偶氮基团的家族成员，是颜色最深的有机染料，对生态系统构成危险威胁。[272]

它广泛应用于食品着色剂、化妆品、纸张和纸浆、皮革、纺织、制药和塑料等多个行业，[273]这些部门排放的废水中具有大量的 MO；当这些废水直接与海水混合时，可能会干扰水生生物，因为其存在会减少光催化降解过程和降低海洋或淡水中的氧气量。[274]

使用受 MO 污染的水可能会导致呼吸问题、呕吐、腹泻、皮肤和呼吸道刺激。[275, 276]Peng 等[277]利用简单的水热部分氧化合成技术开发了用于光合作用降解水中 MO 的 2D MXene 基 TiO_2/Ti_3C_2 纳米复合材料。根据高分辨率透射电子显微镜（HRTEM）和密度泛函理论计算的结果，MXene 基光催化剂具有非常光滑的界面和最小化的缺陷。所开发的光催化剂具有高达 97.4% 的优异光降解效率。它的可回收性能非常出色，在四次循环后，效率仅从 97.4% 减少到 92.5%，减少了 4.9%。温度和反应时间显著影响所开发的 MXene 基复合材料的性能；随着溶液温度和反应时间的增加，光催化剂的降解能力也有一定的提高。

罗丹明 B（RhB）具有很强的耐久性和不可生物降解性，在棉花工业中是一种重要的纺织着色剂。欧洲食品安全局（EFSA）已将其列为导致严重遗传毒性和致癌的物质[278]。大多数国家，即中国和欧盟，已经禁止其食品使用。[279] 它被广泛用作食品着色剂、水示踪荧光剂、生物技术应用中的示踪染料和纺织品中的着色剂。各种实验研究证明 RhB 对人类和动物生活有毒性影响。[289] 在所有染料中，它是废水中危害最高的染料。由于其低廉的成本和强烈的红橙色，它被广泛应用于开发各种物质，包括染料激光、印泥油墨、烟花、圆珠笔、复写纸、绘画和皮革。[280]

RhB 在被摄入和吸入时是有害的，会损害甲状腺和肾脏，并刺激眼睛和皮肤。Wu 等[281] 利用一步原位煅烧技术从 MXene Ti_3C_2 中开发了 TiO_2/g–C_3N_4 光催化剂，用于在可见光照射下对 RhB 的光降解。采用 SEM、TEM、XRD、BET 和 XPS 等多种表征技术研究了 TiO_2/g–C_3N_4 光催化剂的光电化学特性、化学组成和形态结构。TiO_2/g–C_3N_4 光催化剂在 300 W 氙灯下 70 min 内对 RhB 的降解效率为 98.0%。辐照后，TiO_2/g−C_3N_4 对 BPA 的截留率为 92.1%。所开发的光催化剂的性能取决于 TiO_2、g−C_3N_4 和石墨烯之间的相互作用强度。由于开发的 MXene 基光催化剂具有比表面积和孔体积 26.41 $m^2 \cdot g^{-1}$ 和 0.135 $cm^3 \cdot g^{-1}$，并且它具有几个极好的表面终止官能团，这些官能团促进了 TiO_2/g–C_3N_4 的光降解反应。假设孔隙体积和表面积的增加将显示额外的光子捕获活性区域。

Ding 等[282] 通过超声辅助煅烧方法合并 TiO_2/Ti_3C_2MXene 和 g−C_3N_4 石墨烯合成 TiO_2/Ti_3C_2/g−C_3N_4 光催化剂降解水中和废水中的 RhB。采用不同的表征方法，包括 SEM、BET、TEM、XRD、FTIR 和 XPS，研究了的光电化学性质、元素组成和形态结构 TiO_2/Ti_3C_2/g−C_3N_4 光催化剂。在复合材料 g−C_3N_4 中，石

墨烯可能提供优异的光生电子和空穴；类似地，MXene 和副产物 TiO_2 表面活性官能团 O/OH 的可用性可能在 $TiO_2/Ti_3C_2/g-C_3N_4$ 杂化物加速电子迁移。优异的光降解能力 $TiO_2/Ti_3C_2/g-C_3N_4$ 光催化剂在可见光照射下 1 h 内的性能约为 99.9%。这些发现表明 $TiO_2/Ti_3C_2/gC_3N_4$ 纳米复合光催化剂是纯 $g-C_3N_4$ 的 1.33 倍。Brunauer–Emmett–Teller（BET）方法用于评估原始 $g-C_3N_4$、Ti_3C_2 和 $TiO_2/Ti_3C_2/g-C_3N_4$ 为 8.658 $m^2 \cdot g^{-1}$，167.773 $m^2 \cdot g^{-1}$ 和 9.102 $m^2 \cdot g^{-1}$。根据 $TiO_2/Ti_3C_{20}S$ 防止 $g-C_3N_4$ 自聚集的能力，$TiO_2/Ti_3C_2/g-C_3N_4$ 表现出相对较大的比表面积。

Othman 等[283]利用 $MLTi_3C_2T_x$ 纳米材料和 $AgNO_3$ 盐溶液的水热处理合成了 $AgNPs/TiO_2/Ti_3C_2T_x$ 复合纳米光催化剂，用于从水和废水中有效降解罗丹明 B（RhB）。在开发出 $AgNPs/TiO_2/Ti_3C_2T_x$ 纳米复合光催化剂后，利用 SEM、TEM、XRD 和 XPS 等多种表征技术对所开发的光催化剂的物理化学、结构和形态特征进行了评价。所开发的光催化剂在太阳光照射下对有机染料 RhB 的光催化降解接近 88%（120 min），在紫外线照射下接近 99%。相比于未修饰的 Mxene，基于 MXene 的纳米复合物具有优异的 RhB 有机染料光降解效率，因为 $AgNPs/TiO_2/Ti_3C_2T_x$ 纳米复合物光催化剂表面的比表面积和活性基团数量比纯 MXene 增加了一倍。

2022 年，Thirumal 等[284]利用催化化学气相沉积（CVD）方法合成了 MXene 碳纳米管（$Ti_3C_2T_x$–CNTs）杂化纳米复合材料光催化剂，用于光催化降解水中和废水中的 RhB。不同的表征技术，包括 FTIR、XRD、SEM 和拉曼分析，已被用于了解光催化剂的内部结构和理化性质。根据他们的研究，开发的光催化剂和原始 MXene 在 15 分钟内的紫外线照射下的性能分别为 75% 和 60%。他们的研究广泛表明，开发的纳米复合光催化剂的性能高于原始 MXene。正因为如此，与原始 MXene 相比，开发的光催化剂具有大的比表面积、改进的层间空间和巨大的活性表面官能团。基于这些结果，作者认为，在未来一段时间内，所开发的 MXene 基纳米结构光催化剂将在废水修复中对有机污染物的光催化降解中发挥关键作用。

1885 年，保罗·博蒂格发现了刚果红（CR），这是第一位发现刚果红

（CR）的化学家；它的发现是染料发展史上的一个里程碑。[285] CR 染料被广泛用作组织、造纸和纸浆工业中淀粉样蛋白的检测器，用于纯棉、照相粘胶、丝绸、羊毛、尼龙、大麻织物和制药任务的着色。[286，287] 在欠发达国家，含 CR 染料的工业废水有时被用于种植作物。这些着色化学物质可能会改变土壤的特性，如细菌多样性的组成和酶的活性。[288] 此外，据观察，着色剂对植物有毒。[289] 除了环境影响外，它还影响人类健康；吸入或饮酒可能导致肿瘤、突变和心脏病。[290]

Iqbal 等[291] 利用低成本的双溶剂溶胶－凝胶法合成了有效的 BLFO/Ti_3C_2 和 BLFMO−5/Ti_3C_2 光催化剂，用于从水和废水中光降解刚果红（CR）染料，以改善人类和水生生活。包括 XPS、XRD 和 SEM 在内的各种表征技术已经全面了解了所开发的复合光催化剂的结构和形态行为。BLFO/Ti_3C_2 和 BLFMO−5/Ti_3C_2 光催化剂在暗区照射 30 min 内对 CR 的光降解性能分别接近 92% 和 93%。通常，任何催化剂的比表面积都是提高其光催化降解活性的关键因素，因为与小比表面积材料相比，大比表面积材料在其表面表现出几个活性位点，而光催化剂表面巨大活性位点的可用性是其优异光降解性能的原因。所开发的 MXene 基光催化剂具有优异的光降解活性，因为其比表面积高达 39 $m^2 \cdot g^{-1}$。

Sajid 等[292] 利用低成本水热技术合成了 $BiVO_4/Ti_3C_2$ 纳米复合光催化剂，用于降解废水中的有机染料 CR。所开发的纳米复合光催化剂在 60 min 内在可见光区域内的 CR 染料光降解活性约为 99.5%。通过 XRD、SEM、EDS、XPS、BET、UV−Vi、PL 和 EPR 等各种表征技术，$BiVO_4/Ti_3C_2$ 纳米复合光催化器的物理和化学特性。合成的光催化剂在连续三次循环后性能略有下降；总的来说，所开发的光催化剂在连续三次循环后总体性能优异。所开发的光催化剂由于其低价的成本和环境友好性，在可见光下具有良好的商业应用潜力。

5.1.2.2 MXene 基纳米结构光催化材料用于重金属处理

重金属的元素家族在其化学特性和生物活性方面都极为多样。重金属由于对人类、野生动物和植被的有害影响，被归类为环境污染物。自然活动和人为活动都造成土壤重金属污染。如采矿、铸造和种植在内的区域人类活动危险地提高了土地上的重金属浓度。由于其天然的持久性，重金属在土地和植被中积累。有毒金属通过干扰光合作用、气体交换和营养吸收等生理过程，减少植物的生长、干物质的积累和产量。此外，金属与植物的抗氧化能力相互作用，降低了产量的营养价值。通过食物摄入大量重金属会对人类健康产生长期负面影响。[293]

2019年，Huang等[294]通过静电自组装技术合成了基于MXene的BiOBr/Ti_3C_2光催化剂，用于光催化去除水中和废水中的Cr^{6+}污染物。所开发的MXene基光催化剂在可见光照射下40 min内的光降解性能为47.1%。光催化剂的实验结果是纯BiOBr的6倍。包括XRD、XPS、SEM、DRS和UV–vis分光光度计在内的各种表征技术已被用来解释BiOBr/Ti_3C_2纳米复合材料比原始BiOBr具有优异的光催化活性。所制备的MXene基光催化剂的光催化降解性能经过五次光催化降解循环后表现优异。

2020年，Zhao等[295]通过一步水热法开发了MXene基Bi_2MoO_6/Ti_3C_2纳米复合材料，用于光催化降解水和废水中的重金属Cr^{6+}污染物。利用XRD、TEM、SEM、EDS、HRTEM、BET、PL、EIS、EPR和DRS等表征方法，解释了Bi_2MoO_6/Ti_3C_2纳米复合材料在原始Bi_2MoO_3中的优异光催化活性。合成的MXene基光催化剂在可见光照射下60 min内的光降解活性高达100%。根据科学研究，Bi_2MoO_6/Ti_3C_2光催化剂的光降解效率是纯Bi_2MoO_3的11.2倍。这项研究为研究廉价有效的光催化剂开辟了新的可能性。

2021年，Sun等[296]利用优异的静电自组装技术合成了新型光驱动MXene基光催化剂（$Ag/Ag_3PO_4/Ti_3C_2$），用于有效降解水中和废水中的无机污染物Cr^{6+}。所开发的MXene基光催化剂在可见光照射下60 min内的光降解性能为61%。光催化剂的实验结果是纯Ag_3PO_4的1.46倍。更重要的是，添加$AgNO_3$代替Ag_3PO_4在很大程度上降低了光催化剂的光降解效率（高达29.8%）。在Cr^{6+}的光降解中，活性物种控制着无机污染物的光降解机制。

2022年，Yu等[297]通过在$Ti_3C_2T_x$ MXene上沉积Ag纳米颗粒，合成了新型MXene基$Ag/Ti_3C_2T_x$–O光催化剂，用于从水和废水中光降解铀（U^{6+}），以保护环境。使用各种表征技术来全面了解 MXene 基复合材料的物理化学行为。MXene 基光催化剂在光照条件下对废水中 U^{6+} 的光催化降解活性为 1 257.6 mg·g^{-1}，这将比没有光的情况下高出大约 11 倍。这项科学研究增加了我们对 U^{6+} 增强过程的理解，并为创造有效的 U^{6+} 光催化降解催化剂提供了设计思路。

2022 年，Li 等[298]开发了一种优异的 MXene 基光催化剂 g-C_3N_4/Ti_3C_2-MXene（CN/TC-2），用于从水溶液中光催化还原 U^{6+}。根据他们的发现，与纯氮化碳（CN）和 Ti_3C_2-MXene 相比，CN/TC-2 光催化剂对水中的 U^{+6} 具有优异的光催化降解性能。在 CN 上添加 Ti_3C_2 显著提高了对 U^{6+} 的吸附选择性。他们研究了所开发的光催化剂在黑暗和光照条件下的光降解性能。但在光照下，与黑暗环境相比，U^{6+} 的光降解活性发生了很大变化。TC/CN-2（0.267 min^{-1}）对 U^{6+} 的光催化消除效率最高为 14.05，显著高于 CN（0.019 min^{-1}）。将助催化剂与 MXenes 和 TiO_2 等材料相结合，将有助于提高催化剂对 U^{6+} 降解的光活性。

5.1.3 MOF 基光催化剂用于污水处理

5.1.3.1 MOF 基光催化剂用于有机染料的降解

近年来，染料工业的发展带来了背心商用合成染料。这些染料广泛应用于印染、医药和化妆品行业。随之而来的是大量的染料废水。据统计，仅纺织印染行业，全世界每年产生约 100 吨染料废水。[299]染料废水成分极其复杂，大多含有难降解有机物，色度高，且具有较强的连续污染性。此外，由于染料在降解过程中会发生明显的颜色变化，MOF 基光催化剂降解有机染料的研究取得了许多进展。

陈迪明等以羧酸和三唑两个官能团的有机配体 HCPT，{[Cu_8Cl_5（CPT）$_8$（H_2O）$_4$]（$HSiW_{12}$）（H_2O）$_{20}$（CH_3CN）$_4$}$_n$ 为结构中心，合成了一种新型的多金属酸基 MOF。该 MOF 具有基于四连通的 {Cu_2（CO_2）$_4$} 和八连通的 $\{Cu_4Cl\}^{7+}$ 簇的三维互穿网络结构。在光催化降解实验中，MOF 在含有

30%H_2O_2和可见光照射的环境下，可在 70 min 内降解 97% 的 RhB。此外，该材料耐酸碱，比传统的 MOF 更有实际应用价值。[300]

Mahmoodi 等使用绿色方法合成了具有纳米多孔结构的铜基 MOF，MOF-199。在不使用任何氧化剂如 H_2O_2 和过硫酸钾的情况下，只有 MOF-199 催化碱性蓝 41 的降解。结果表明，在紫外光照射下，纳米多孔 MOF-199 在 0.04 $g \cdot L^{-1}$ 的浓度下可达到 99% 的降解率，并具有较高的光催化活性。此外，实验证明 MOF-199 主要通过生成・OH 氧化碱性蓝 41 染料。[301]

在改善 MOF 光催化反应条件的方法中，添加外部电子受体是常用的选择。高等人使用传统的铁基 MOF MIL-53 研究了酸性橙 7 在水溶液中的降解过程。由于电子和空穴的快速复合，简单使用 MIL-53 进行降解的效果较差，在可见光照射下的降解率仅为 24%。因此，研究人员添加了一定量的过硫酸盐作为外部电子受体，酸性橙 7 在 90 min 内的降解效率接近 100%。实验证明，外电子受体对提高 MIL-53 的光催化性能有显著作用，也对传统 MOF 在光催化水处理中的应用前景有一定的展望。实验还使用表征方法证明，引入过硫酸盐后，MIL-53 的电子 - 空穴可以有效分离，并促进 MIL-53 活性自由基的产生，这有助于酸性橙 7 的氧化降解。[302]

如上所述，仍然难以单独使用 MOF 来满足当前光催化降解有机污染物的要求。然而，使用 MOF 和其他物质的复合催化剂，例如使用功能化的 MOF 以及其他金属或非金属材料来构建异质结，可以很好地弥补 MOF 的缺陷。[303] 作为最成熟的光催化半导体，TiO_2 是制备与 MOF 结合的 MOF 基催化剂的经典选择。传统的 MOF，如 Cu 基 MOF HKUST-1、Zn 基 MOF ZIF-8 和 Ti 基 MOF MIL-125，已用复合催化剂用 TiO_2 处理，以降解 RhB 或甲基橙。[304-306]

然而，这些复合催化剂中的大多数不能在可见光下有效降解。现在，研究人员也开始改善基于 MOF 的催化剂的可见光响应。Li 等采用溶剂热法将 TiO_2 和 Bronsted 酸 $H_3PW_{12}O_{40}$ 与 Mn 基 MOF PCN-222 结合，制备了三元 MOF 基复合催化剂 PCN-222-PW_2/TiO_2。在随后的可见光降解 RhB 的实验中，PCN-222 含量为 5% 的复合催化剂表现出最强的光催化性能，降解率达到 98.5%。在相同的反应条件下，复合催化剂的性能优于纯 TiO_2 和 PCN-222（其反应速度是单一催化剂的 10 倍）。通过分析，该复合材料增强了 MOF 的可见光响应，带隙匹配关系有效抑制了光生电子和空穴的复合。其中 h^+、$O_2^{\cdot -}$、和 · OH 是该材料降解有机染料的主要活性物质，为 MOF 在可见光下的催化应用提供了思路。[307] 除了 TiO_2，贵金属等材料也是常用的复合材料。相关材料如 Pd 和 Ag，已经有用 Zr 基 MOF UiO-66。[308，309]

复合催化降解染料的例子，在目前的研究中，用 Ag 偶联的 MOF 基催化剂形成异质结更受欢迎更有效。最近，为了提高 MOF-5 的光催化性能，Tong[310] 等人尝试使用 Ag_3PO_4，更 MOF-5 构建异质结复合物，采用原位沉积法制备了 MOF-5/Ag_3PO_4 复合催化剂。实验数据表明，各种异质结对 RhB 的降解效果优于纯 MOF-5 和纯 Ag_3PO_4。其中，质量比为 7% 的异质结效果最好。在可见光照射下，RhB 可以被催化降解，40 min 内降解率可达 98.5%，远高于 Ag_3PO_4 的 63%。根据随后的捕获实验，得出 $O_2^{\cdot -}$ 和 h^+ 是降解反应中的主要因素。除了传统的金属材料和 MOF 的复合材料外，随着石墨烯、g-C_3N_4 等碳基材料在催化领域的逐渐兴起，研究人员开始尝试构建碳基材料和 MOF 的复合材料。[311-313]

这些碳材料可以有效促进光生电子和空穴的产生和分离，提高光催化性能。g-C_3N_4 是近年来出现的一种具有二维平面共轭结构的非金属半导体。它具有中等宽度的带隙，可以充分吸收和利用一定波长范围内的光能。张等人使用 g-C_3N_4 和 Zr 基 MOF UiO-66 通过溶剂热法合成了包裹在石墨相氮化碳中的 UiO-66 纳米杂化物。其中，氮化碳重量含量为 1% 的 CNUO-1 具有最佳的光催化性能。在可见光的照射下，RhB 水溶液被降解，60 min 内降解率为 80%，180 min 内降解速率为 90%，是单独使用石墨相氮化碳的速度的 6 倍。事实证明，g-C_3N_4 的加入可以提高光诱导电荷的分离和迁移速率，从而提高光催化效率。[314]

除了 Zr 基 MOF 外，铁基 MOF 也进行了相应的研究。Shao 等使用 g-C_3N_4 和铁基 MOF MIL-88A 构建异质结，对有机污染物进行光催化降解。由于 g-C_3N_4 和 MIL-88A 之间形成了直接的 Z 型异质结，因此复合材料的带隙减小，这有助于加速光生电荷分离。这使得 MIL-88A/g-C_3N_4 与石墨相氮化碳相比具有显著增强的光催化活性。其中，光催化活性最好的 M88/g-C_3N_4-10 在可见光照射 30min 下对 RhB 的降解率接近 100%，降解速率常数为 0.159 85 min^{-1}，在相同条件下比 g-C_3N_4 高约 4.7 倍。捕获实验证明，反应的主要活性物质是·OH。[315]

碳纳米点（CD）是一种新兴的吸光纳米材料，具有良好的光稳定性和水溶性。[316] Shao 等采用溶剂热法合成了 NH_2-MIL-88B（Fe）与 CD 的复合材料。通过对亚甲基蓝的光催化降解实验，证明该复合材料具有良好的光催化性能和回收性能。在可见光照射 90 min 条件下，染料的降解率达到 92%，是单独 NH_2-MIL-88B（Fe）的 2.6 倍。这是因为配合物中的 CD 作为局部电子受体可以有效地增强电荷转移并抑制电子 - 空穴复合。[317]

碳量子点（CQD）也是一种新型的碳基纳米材料，具有良好的导电性和转换发光的特殊性质。[318] 基于 CQD 的特性，Wang 等人以功能化 MOF NH_2-MIL-125 为基础，采用溶剂沉积法设计合成了 CQD/NH_2-MMIL-125。CQD 为 1% 的复合材料具有最好的性能。无论是在全光谱、近红外光还是可见光下照射，复合材料对 RhB 的降解效率都得到了显著提高，RhB 可以在 120 min 内完全降解。随后的分析表明，CQD 的良好导电性提高了光生电子和空穴的分离效率。同时转换发光特性，拓宽 NH_2-MIL-125 的响应光谱。[319]

除了上述这些碳基材料外，共价有机框架也有类似的研究结果。He 等使用共价有机框架（COF）和 MOF 构建了 Z 型异质结。通过使用高稳定性的 TTB-TTA（由 4,40400-（1,3,5- 三嗪 -2,4,6- 三基）三苯甲醛（TTB）和 4,4-（1,3,5 三嗪 -2,6- 三酰基）三苯胺（TTA）合成的 COF）包封功能化的 NH_2-MIL-125（Ti），制备了异质结杂化材料层。该材料具有大的比表面积、良好的结晶度和良好的可见光响应性能，充分继承了 COF 和 MOF 的优点。实验证实，由于异质结结构的形成，NH_2-MIL-125（Ti）中的光生电子与 TTB-TTA 中的空穴结合，从而增强了电荷载流子的提取和光激发的利用。实验使用甲基橙染料进行测试，复合异质结的光降解动力学是仅 NH_2-MIL-125（Ti）的 9 倍，具有优异的光催化性能。[320]

5.1.3.2 MOF 基光催化剂用于药品和个人护理产品的降解

药品和个人护理产品（PPCP）是一种新出现的水污染物，备受关注。自 1999 年 Daughton 和 Ternes 提出关于 PPCP 环境问题的相关报告以来，PPCP 的污染问题一直受到世界各国的关注。[321] 此类产品主要由常用药物和个人清洁护理日用品组成。常见的 PPCP 包括抗生素、止痛药和杀菌剂等。随着社会的发展，这些药物的生产和使用逐年增加。由于 PPCP 的毒性和生物累积性相对持久，使用后会以各种方式进入水环境，造成严重的环境问题。例如，它影响人类健康，诱导细菌基因突变，并筛选抗菌特性以产生耐药性病原体。[322] 因此，迫切需要找到一种安全有效的降解 PPCP 的方法。MOF 基光催化剂作为一种新兴材料，对相关药物的合成具有重要的研究价值。

（1）MOF 基光催化剂在抗生素降解中的应用。

抗生素是 PPCP 中常见的一种物质。据统计，目前全球抗生素的年使用量达到 10 万~ 20 万吨。[323] 因此为了解决抗生素的环境问题，MOF 基光催化剂也经历了许多关于抗生素降解的研究。如 β- 内酰胺类、四环素类和喹诺酮类抗生素等，都有对 MOF 降解的研究。

β- 内酰胺类抗生素是以青霉素和头孢菌素类抗生素为代表的抗菌药物。这些抗生素是目前最常见的。[324, 325] 其中头孢菌素类抗生素因其具有广谱抗菌特性而得到广泛应用。然而，大规模使用造成的环境问题也迫使人们寻找有效降解抗生素的方法。

Askari 等[326] 基于 ZIF−67 的简单水热合成方法构建了 $CuWO_4/Bi_2S_3$/ZIF−67 三元 MOF 基异质结催化剂。在连续流动模式下研究了光催化剂对头孢氨苄和甲硝唑的降解过程，并通过中心柔顺性设计获得了该过程的最佳操作参数。在最佳条件和可见光照射下，头孢氨苄和甲硝唑 PPCPs 的降解率分别达到 90.1% 和 95.6%，最大总有机碳去除率分别达到 74% 和 83.2%。与单独使用 Bi_2S_3 和 $CuWO_4/Bi_2S_3$ 二元催化剂相比，新型 MOF 三元光催化降解性能显著提高。前者的反应速率是后者的 9 倍和 4 倍。这是由于双 Z 型异质结构具有更高的比表面积和更好的光生电荷分离。

除了 β- 内酰胺类抗生素外，四环素类抗生素也有类似的情况。作为仅次于β- 内酰胺的第二类抗生素，四环素类抗生素的生产和使用占所有抗生素的1/3。[327] Wang 等使用不同的铁基 MOF（Fe-MIL-101、Fe-MIL-100 和 Fe-MIL-53）研究了光催化降解四环素的过程，并比较了铁基 MOF。实验结果表明，MIL-101 光催化降解四环素效果最好。在 50 mg · L^{-1} 的四环素初始浓度和 3 小时的可见光照射下，96.6% 的四环素被去除，这是相同条件下 MIL-100 和 MIL-53 的 1.7 和 2.4 倍。此外，捕获实验和 ESR 实验表明，$O_2^{\cdot -}$、$\cdot OH$ 和 h^+ 是该降解过程中的主要活性物质。该实验证明了 MIL-101 对四环素的高效降解能力，同时为随后的四环素类或其他难降解抗生素的光催化降解提供了某些基于 MOF 光降解抗生素的催化剂设计思路。[328]

随后，雷等使用铁基 MOF MIL-101 和非金属红磷（RP）构建了一种复合催化剂，以优化铁基 MOF 对四环素的光催化降解。采用简单的低温溶剂热合成方法，以 MIL-101 和红磷为原料合成了 RP/MMIL-101 异质结复合材料。四环素的光催化降解效果。在全光谱辐照下，不同红磷质量分数的 RP/MIL-101 催化剂在 80 min 内对四环素的降解效率超过 85%，显著高于单独 MIL-101 的约 50%。其中，质量分数为 15% 的 RP/MIL-101 效果最好，80 分 min 的降解效率达到 90.1%。与红磷形成异质结提高了吸收光的强度，也是抑制光生电子 - 空穴复合，使光催化效果提高的原因。[329]

此外，氧氟沙星也是一种广泛用于医疗、水产养殖和畜牧业的抗生素。氧氟沙星是应用最广泛的喹诺酮类抗生素之一。然而，由于体内吸收率低，易残留，氧氟沙星在生产或使用后进入环境，造成环境问题。[330] Lv 等使用苯并噻二唑和 Co 对铁基 MOF NH_2-MIL-53 进行改性。通过分步组装策略，采用溶剂热法合成了一种新的苯并噻二唑功能化共掺杂 MOF 基光催化剂，即具有电子缺陷单元的 Co-MIL-53-NH_2-BT。在该光催化剂降解氧氟沙星的实验中，在可见光照射 120 min 内，氧氟沙星的降解率达到 99.8%。光催化性能明显提高的原因是苯并噻二唑缺电子基团有效地促进了光生电子和空穴的分离和转移。同时，TOC 分析表明，大部分污染物已降解为 CO_2 和 H_2O。同时使用六个循环之后，它仍然具有 90% 以上的降解率和良好的稳定性。[331]

（2）MOF 基光催化剂在个人护理品降解中的应用

除了药物，个人护理产品中的一些常见化学物质在使用后也会流入环境，造成环境问题，例如杀菌剂三氯生和化学产品双酚 A。三氯生是一种广谱杀菌剂，几乎所有日常洗漱用品都含有这种物质。[332]

为了研究三氯生在可见光下的矿化和降解，Bariki 等人使用耐热、耐酸和稳定的 Zr 基 MOF UiO−66 和 $CdIn_2S_4$，通过简单的溶剂热方法构建了耦合的半导体异质结。表征后发现，该复合材料含有锚定在 $CdIn_2S_4$ 纳米片上的分散的 UiO−66 球体。在可见光降解三氯生的实验中，三氯生在 180 min 内的降解率达到 92%，降解速率常数约为纯 $CdIn_2S_4$ 的 12 倍，这反映了 MOF 基光催化剂在提高光电性能后具有优异的光催化活性。实验也证实了 $O_2^{\cdot-}$ 和 $^{\cdot}OH$ 是三氯生降解反应中的主要活性物质。[333]

双酚 A（BPA）是世界上使用最广泛的化学产品之一。它是环氧树脂和聚碳酸酯塑料生产中不可或缺的添加剂。[334]然而，BPA 也是 PPCP 中的一种污染物，会影响生态环境。Tang 等选择了基于 Cr 的 MOF MIL−101 和经典的光催化剂 TiO_2 来构建复合材料，并试图降解 BPA。最后，复合催化剂 TiO_2/MIL−101 采用溶剂热法合成了（Cr）。实验表征发现，TiO_2 的引入改善了光生电子和空穴的分离，减小了带隙宽度，成功地提高了光催化活性。在随后的 BPA 降解实验中，复合催化剂在紫外线辐射下 240 min 内达到了 99.4% 的 BPA 降解率，这明显优于单独使用两种催化剂。在机理研究中，对中间产物的检测证实了 $O_2^{\cdot-}$ 在反应过程中是主要的活性物质。[335]

5.2 CO_2 的光催化还原

在当前地区，环境中 CO_2 的直接排放对环境和人类健康造成了非常有害的威胁，例如温度、海平面、海洋酸度的上升，以及冰川、海冰和积雪的融化。为此，世界各国于 1997 年在日本京都同意通过应用新的创新技术来减少碳足迹。2015 年，在巴黎，峰会成员震惊地看到，各种来源的 CO_2 排放在环境中留下了广泛的足迹。迄今为止，已经开发了几种减少 CO_2 的技术；在所有已开发的 CO_2 还原技术中，光催化还原 CO_2 由于其在光照、低温、有限压力和无需大量能量输入的条件下工作而受到科学家的广泛关注。在 CO_2 的光催化还原中，阳光产生了几种有价值的燃料，如 CH_4 和 CH_3OH，这为解决环境问题和满足全球能源需求提供了一条创新和环保的途径。MXene 基光催化剂也具有优异的光催化析氢性能。

5.2.1 半导体光催化材料用于 CO_2 还原

半导体光催化材料在 CO_2 还原中的应用是将太阳能或其他光源的能量利用于触发 CO_2 分子的还原反应。这些光催化材料可以产生激发态电子 - 空穴对，其中电子和空穴可以用来促使 CO_2 还原为其他化合物。通常，这些化合物包括甲烷、甲酸、甲醇等。

主要反应途径:CO_2 还原的主要反应途径包括光催化还原和光电化学还原。在光催化还原中，半导体光催化剂的电子被激发到传导带，然后被转移到还原剂上，将 CO_2 还原为其他化合物。在光电化学还原中，使用光电池结构来实现光能的转化，从而驱动 CO_2 还原反应。

研究和应用领域：目前，半导体光催化材料用于 CO_2 还原的研究仍处于探索阶段。科学家们正在寻找高效的光催化材料、反应条件和催化机制，以实现可持续的 CO_2 还原。这项技术可以用于能源转换、燃料制备和化学品合成等领域，有望为碳中和和可持续发展做出重要贡献。

总的来说，半导体光催化材料用于 CO_2 还原是一个具有潜力的领域，但需要进一步的研究和发展才能实现在实际应用中的广泛应用。

5.2.2 MXene 基光催化剂用于 CO_2 还原

2020 年，Tang 等人[336]利用 MXene（$Ti_3C_2T_x$）和石墨氮化碳（$g\text{-}C_3N_4$）

的简单混合形成 $Ti_3C_2(OH)_2/g-C_3N_4$ 和 $Ti_3C_2T_x/g-C_3N_4$ 纳米复合光催化剂，将有害环境污染物转化为增值产品。为了全面了解所开发的光催化剂的化学性质，使用了各种表征技术，如 XRD、FE-SEM、TEM、XPS 和 FTIR。结果表明 TCOH 浓度的提高对所开发的光催化剂的性能具有可行的影响，图 5-2（a）。

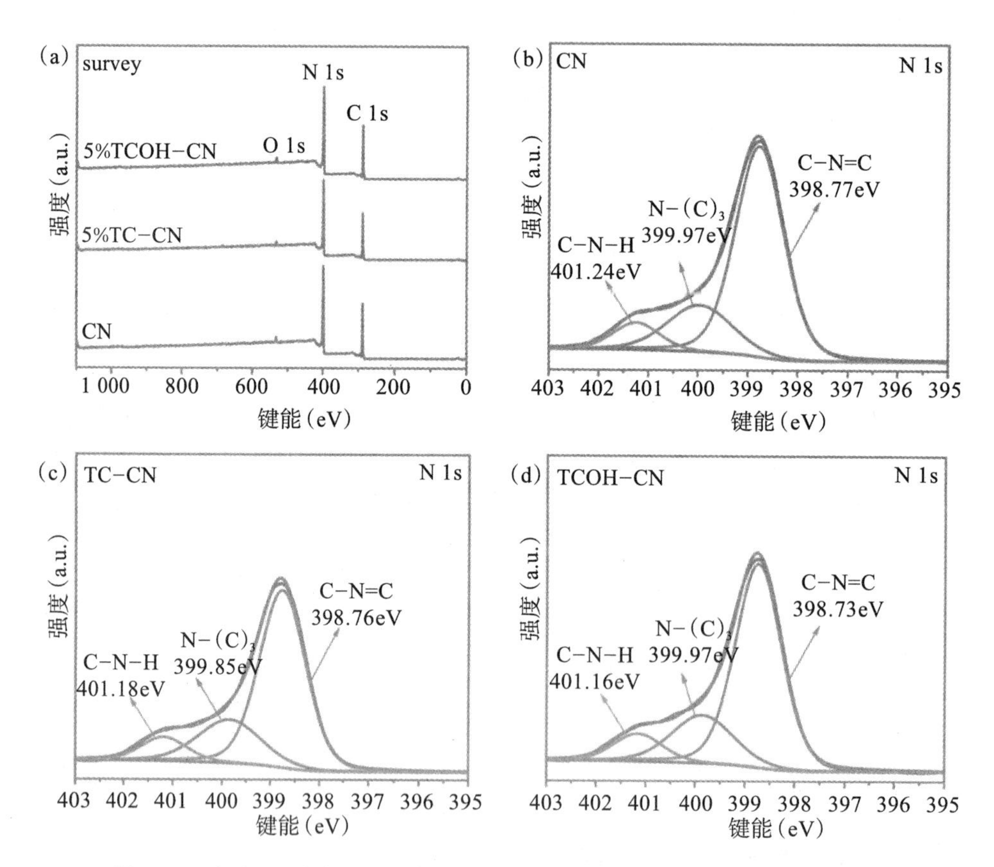

图 5-2 （A）CO 和（B）CH_4 在 CN 和 X%TCOH-CN（X＝1、5、10 和 15）上的累积产量；（C）CN 和 X%TCOH-CN（X=1，5，10 和 15）的 CO 和 CH_4 选择性；（D）CN、5%TC-CN 和 5%TCOH-CN 上 5 h CO 和 CH_4 的累计产量[336]

根据图 5-2（a）5% TCOH-CN 样品获得了最大 CO 产率高达 11.21 $mol \cdot g^{-1}$，这几乎是 CN（1.881 $mol \cdot g^{-1}$）的 5.9 倍。此外，TCOH 质量百分比的进一步增加是 CO 产率降低的原因，因为合成的光催化剂中 TCOH 浓度的进一步增加减少了对光催化剂的广泛光照途径。但 TCOH 浓度的提高对 CH_4 的产生影响有限，如图 5–2（b）所示。图 5–2（b）也表明与所开发的光催化剂相比，纯 CN 具有低的 CH_4 生产能力。如图 5–2（c），在各种 TCOH 浓度下，所开发的光催化剂的 CO 选择性 >90%，但 CH_4 的选择性没有遵循这一趋势；在 10%TCOH–CN 时最高，为 10.9%。如图 5–2（d）所示，反应的主要产物是 CO。结果表明，TCOH 是一种更有效的助催化剂，可提高 CO_2 在 CN 上的光催化转化率，如 5%TC–CN 比 CN 表现出最大的 CO 产量，与 5%TCOH–CN 相比，CO 减少了约 35%。

2021 年，Wang 等[337]通过静电自组装方法开发了一种多层 Ti_3C_2/gC_3N_4 复合光催化剂，将来自各个部门的废弃 CO_2 转化为高附加值产品，包括 CO、CH_4 和 H_2，以降低环境中的 CO_2 浓度。合成的光催化剂对 CO 和 CH_4 的选择性分别为 69.4% 和 14.5%。结果表明，在可见光照射下，光催化剂 Ti_3C_2/gC_3N_4 产生的 CO 和 CH_4 产物分别是原始 g–C_3N_4 的 3.2 倍和 8.9 倍。他们的研究结果表明，MXene 复合材料的 CO 和 CH_4 产量随着光照时间的增加而增加；它还通过增加光催化剂中 MXene 的浓度而增加到一定水平。上述研究预计将促进对 MXene 基光催化剂在光催化 CO_2 还原中的更大兴趣。

2021 年，Khan 等[338]利用超声波技术合成了基于 MXene 的 Ti_3C_2/TiO_2R 复合材料，用于将 CO_2 光解转化为增值产品。已经使用各种方法对合成的 MXene 基纳米片进行了研究，包括干重整甲烷（DRM）、双重整甲烷和用水还原 CO_2（BRM）。DRM 过程的主要产物是 CO 和 H_2，产率分别为 47.8 $mol \cdot g^{-1} \cdot h^{-1}$ 和 13.8 $mol \cdot g^{-1} \cdot h^{-1}$。使用 BRM 的复合材料的效率比 DRM 提高了 9.53 倍。由于在水存在下的有效氧化过程，BRM 工艺以优异的效率和选择性生产富氢合成气，分别产生 38.25 $mol \cdot g^{-1} \cdot h^{-1}$ 和 52.5 $mol \cdot g^{-1} \cdot h^{-1}$。优异的结果表明，$TiO_2A$、$Ti_3C_2$ 和 TiO_2R 纳米复合材料具有作为高性能光催化材料的助催化剂的潜力。TiO_2A 与 Ti_3C_2/TiO_2R 相结合是一种很有前途的用于额外能源应用的结构材料，在三次循环后表现出优异的循环稳定性而没有失活。

5.2.3 MOF 基光催化剂用于 CO_2 还原

在 MOF 基光催化剂用于 CO_2 还原的应用中，一些关键的方面包括以下几点。

光吸收和电子传输：MOF 的结构可以被设计为在可见光范围内吸收光能，并将激发态电子从金属离子传输到有机配体。这些激发态电子可以用于 CO_2 还原反应。

催化活性位点：MOF 可以设计出丰富的催化活性位点，有助于提高 CO_2 分子的吸附和还原反应速率。金属离子和有机配体的选择、排列方式以及空间结构对催化性能有重要影响。

协同效应：MOF 可以通过金属－有机配体之间的协同效应来增强光催化性能。这些效应可以优化电子传输、减轻电子-空穴对的复合，从而提高 CO_2 的还原效率。

产物选择性：MOF 的设计可以影响 CO_2 还原的产物选择性。通过调节催化剂的性质，可以实现将 CO_2 转化为不同的有机化合物，如甲烷、甲酸、甲醇等。

稳定性和循环使用：在实际应用中，催化剂的稳定性和循环使用性是重要考虑因素。MOF 的设计需要考虑其在光照条件下的稳定性，并确保催化剂在多次循环使用后仍能保持活性。

虽然 MOF 基光催化剂用于 CO_2 还原领域的研究尚处于发展阶段，但已经取得了一些有希望的成果。科学家们正在努力设计和合成具有高效催化性能的 MOF，并深入研究其催化机制以及如何优化产物选择性。这项工作有望为可持续能源和环境保护提供新的解决方案。

5.3 光催化制氢

光催化制氢过程包括：①光催化剂上的光吸收，②激发的电子和空穴的产生，③复合，④分离，⑤迁移，⑥激发的光生电荷的捕获，⑦将这些电荷转移到水或其他分子或离子。然而，应鼓励促进激发的电荷载流子的过程，同时应避免电荷载流子的消耗过程，以最大限度地提高光催化制氢的总效率。如果我们专注于通过构建异质结来提高光催化性能，那么两种半导体的匹配能隙的设计至关重要，电子提供半导体应该具有高的电荷载流子产生效率，并且导带处积累的电子应该具有比 NHE 更高的能势。

随着电极电解水向半导体光催化分解水制氢的多相光催化（heterogeneous photocatalysis）的演变和 TiO_2 以外的光催化剂的相继发现，兴起了以光催化方法分解水制氢（简称光解水）的研究，并在光催化剂的合成、改性等方面取得较大进展。

5.3.1 半导体光催化用于制氢

$E_{CB} < 0$ eV 和 $E_{VB} > 1.3$ eV 的光催化剂可以产生 H_2 和 O_2，这些 H_2 和 O_2 可能在光催化剂表面重组形成 H_2O，这个过程被称为“表面反反应”。该过程的抑制通常是通过添加电子供体或受体牺牲试剂，并在光催化剂表面产生分离的光还原或光氧化位点，后者可以通过异质结光催化剂来完成。

光催化制氢的效率可以通过测量光照射一定时间内的 H_2 体积来确定。析氢单位为 $\mu mol \cdot h^{-1}$ 或 $\mu mol \cdot h^{-1} \cdot g^{-1}$，这使得不同光催化剂和光催化装置配置的光催化效率具有可比性。

5.3.2 CN基光催化材料用于制氢

石墨氮化碳（g−C_3N_4）作为一种不含金属的可见光驱动光催化剂，自2009由年王等人首次发现以来，研究者们对光催化制氢的兴趣急剧增加。[339]独特的电子能带结构使材料具有高度的可见光吸收率。同时，g−C_3N_4的导带底部比H_2O产生H_2的还原电势更低。然而，与大多数其他半导体类似，光生电荷载流子频繁重组，导致自由基在还原反应或氧化反应中的利用效率低下。

光催化制氢性能在很大程度上取决于g−C_3N_4的微观结构，以及g−C_3N_4与其他半导体之间的异质结界面。许多半导体已经与g−C_3N_4耦合以抑制电荷载流子的复合。各种金属氧化物和三元半导体已经与g−C_3N_4偶联用于光催化制氢，CdS/g−C_3N_4表现出11 376 μmol·g^{-1}·h^{-1}的最高速率。[340]g−C_3N_4的中等导带和价带位置决定了其多用途异质结类型。例如，据报道，In_2Se_3/g−C_3N_4[341]和磷烯/g−C_3N_4[342]构建了I型异质结，其表现出相对较高的光催化制氢率，分别为4 810 μmol·g^{-1}·h^{-1}和571 μmol·g^{-1}·h^{-1}。而大多数含有金属氧化物和金属硫酸盐的C_3N_4基复合光催化剂，如Mn_3O_4/g−C_3N_4[343]、In_2O_3/g−C_3N_4[344]、SnS_2/g−C_3N_4[345]、CoO/g−C_3N_4[346]、Cu_3P/g−C_3N_4[347]在两种半导体之间形成Ⅱ型异质结，光催化制氢速率分别为2 700 μmol·g^{-1}·h^{-1}、1 374 μmol·g^{-1}·h^{-1}、972.6 μmol·g^{-1}·h^{-1}，50.2 μmol·g^{-1}·h^{-1}和159.41 μmol·g^{-1}·h^{-1}。

碳材料和贵金属也可以与g−C_3N_4结合，促进光催化制氢；异质结之间的电子转移遵循图中提出的机制。Xiang等合成了石墨烯/g−C_3N_4复合光催化剂，其中石墨烯片充当光生电子的导电介质，导致光催化制氢活性增强。[348] Christoforidis等人采用不同壁数的碳纳米管[单壁（SWCNTs）、双壁（DWCNTs）和多壁（MWCNTs）]开发全有机g−C_3N_4基复合光催化剂。在太阳能和纯可见光照射下，所制备的功能化SWCNT/g−C_3N_4异质结构比相应的DWCNT和MWCNT功能化g−C_3N_4表现出2~5倍的析氢率，因为当使用SWCNT时，光生电子从g−C_3N_4更有效地转移，为H_2生产提供更多可用电子。[349]

5.3.3　硫化物基光催化材料用于制氢

硫化物基半导体光催化剂主要涉及金属硫化物和双金属硫化物。金属硫化物半导体中的金属阳离子具有 d0、d5 和 d10 电子构型。[350, 351]

一般来说，金属硫化物的价带位置高于金属氧化物，因为 S 3p 的轨道比 O 2p 更高，并且金属硫化物的导带落在负电势范围内，从而产生对水的强还原能力。

在各种金属硫化物和双金属硫化物中，CdS 和 $ZnIn_2S_4$ 是研究最热门的光催化剂，因为它们的可见光响应和对光催化制氢的强电子还原能力。[352, 353] CdS 和 $ZnIn_2S_4$ 的导带和价带分别为 −0.52 eV 和 −0.95 eV，以及 1.88 eV 和 1.45 eV。为了增强使用这两种半导体的光催化制氢过程，它们与其他半导体的异质结形成至关重要，因为这不仅可以改善光生充电器的分离，还可以抑制它们因自生电子而产生的光腐蚀。

图 5-3 展示了 CdS 和 $ZnIn_2S_4$ 的能带位置图，以及它们与不同半导体的耦合，以增强光催化析氢，g-C_3N_4 与 CdS 的偶联可将光催化制氢效率提高到 5 303 μmol · g^{-1} · h^{-1}，[354] 而 $SnNb_2O_6$/CdS [355] 和 NiV LDH/CdS [356] 的效率分别为 7 808 μmol · g^{-1} · h^{-1} 和 9 579.2 μmol · g^{-1} · h^{-1}。

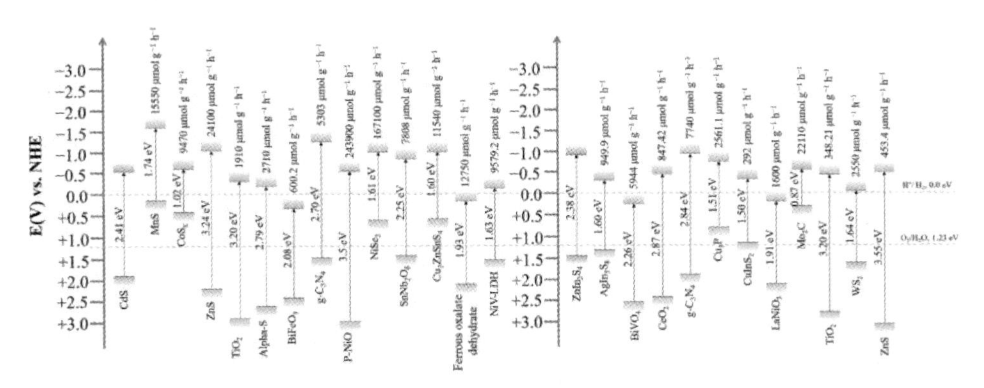

图 5-3　Cd 基和 $ZnIn_2S_4$ 基异质结光催化剂的能带结构[354]

CdS 基异质结光催化剂可以显著提高光催化制氢效率。例如，Kai 等人报道了 CdS/ZnxCd1−xS 核心双壳亚微米催化剂的 H_2 释放速率 CdS/CdxZn1− 在可见光照射下是 CdS 核壳（5.17 mmol·g^{-1}·h^{-1}）的 12.3 倍，这可归因于有效的电荷分离。[357] 此外，正如 Kai 等人所报道的，基于 CdS 的异质结光催化剂与贵金属和石墨烯在一个系统中很好地结合。通过水热程序将 CdS/ZnS 异质结构锚定在 rGO 上，然后原位沉积 Au 纳米颗粒。Au−CdS/ZnS−rGO 复合材料在可见光照射下提供了 9.96 mmol·h^{-1}·g^{-1} 的显著光催化析氢速率，因为 Au 的强电子捕获能力和石墨烯的电子转移能力提供了光生电子和空穴的高性能分离和转移。[358] 至于 $ZnIn_2S_4$，一种基于 S−Zn−S−In−S−In−S 层包堆叠形成立方体或六边形晶体单元的多晶型物，自首次用于光催化以来引起了人们的广泛关注。[359]

$ZnIn_2S_4$ 的纳米层通常自组装成分级球形结构，以降低沿这些纳米片横截面的表面张力。[360−362] 已报道的使用 $ZnIn_2S_4$ 作为主体并具有优异光催化析氢性能的异质结有 $Cu_3P/ZnIn_2S_4$[363]、MoS_2/$ZnIn_2$S4[364] 和 g−$C_3N_4/ZnIn_{-2}S_4$[365] 分别对应于 2 561.1 μmol·g^{-1}·h^{-1}、3 891.6 μmol·g^{-1}·h^{-1} 和 7 740 μmol·g^{-1}·h^{-1} 的效率。这些异质结构的高光催化析氢效率是由于改善了光生空穴和电子的分离。

具有不同元素的二维 IIB−IIIA−VIA 半导体也可以形成混合异质结。例如，Guan 等人报道，用 5wt% 的 $CuInS_2$ 形成 $CuInS_2/ZnIn_2S_4$ 2D/2D 异质结光催化剂产生 3 430.2 μmol·g^{-1}·h^{-1} 的最高析氢速率，并且 5% $CuInS_2$/Zn In_2S_4 2D/2D 异质结表观量子效率在 420 nm 波长处达到 12.4%，[366] 这是基于 $ZnIn_2S_4$− 的 2D/2D 杂结中效率最高的。曾德泉等报道，$MoSe_2/ZnIn_2S_4$ 分级异质结（2 wt% 的 $MoSe_2$）表现出优异的光催化活性，析氢速率为 2 228 μmol·g^{-1}·h^{-1}，在 420 nm 下表现出 21.39% 的高表观量子产率。光活性归因于 $ZnIn_2S_4$ 和 $MoSe_2$ 的异质结，以及 $MoSe_2$ 作为电子存储位点和析氢反应催化剂的功能作用。[367] 需要注意的是，贵金属如 Pt 和 Au，或碳纳米管和石墨烯等是积累或传导电子的常用物质，也可以与硫化物基半导体耦合。例如，Chai 等人采用简单的水热法制备了用于氢光催化的多壁碳纳米管（MWCNTs）和 $ZnIn_2S_4$ 复合材料，结果表明，3 wt% 的 MWCNTs/$ZnIn_2S_4$ 复合材料达到了 684 μmol·g^{-1}·h^{-1}

的最大光催化制氢效率，在波长为420 nm的光照射下，表观量子效率高达23.3%。[368] 相比之下，在三乙醇胺水溶液中，在可见光照射下，负载0.5 wt%碳量子点和0.2%Pt的 $ZnIn_2S_4$ 表现出1 032.2 μmol·g^{-1}·h^{-1} 的高光催化产氢率，表观量子效率为2.2%（420 nm），远高于纯 $ZnIn_2S_4$。

近年来，单原子元素在催化剂表面的锚定成为一个热门话题。在硫化物基光催化剂的情况下，具有硫空位的0.9 wt%Ni单原子嵌入的 $ZnIn_2S_4$ 纳米片的光催化制氢速率是纯 $ZnIn_2S_4$ 的5.7倍。CdS纳米棒中单原子Ni（2.85 wt%）的高负载表现出良好的稳定性和耐久性，并在可见光下将光催化析氢速率提高到630.1 μmol·g^{-1}·h^{-1}。[369]

5.4 光催化材料用于空气净化和杀菌消毒

光催化杀菌消毒技术被广泛应用于医疗卫生、食品加工、水处理等领域。光催化技术具有高效、无二次污染、使用寿命长等优点，但也存在一些挑战，如催化剂的稳定性、光源的选择和能耗等。随着科学技术的进步，光催化在空气净化和杀菌消毒领域的应用前景将会更加广阔。

在空气净化和杀菌消毒方面，光催化可以起到重要作用。在空气净化方面，光催化可以通过光催化剂吸收紫外线或可见光，产生活性氧自由基（如羟基自由基），这些活性氧自由基具有很强的氧化能力，能够降解空气中的有机污染物、异味物质和有毒气体。光催化空气净化技术广泛应用于室内空气净化、工业废气处理、车内空气净化等领域。

在杀菌消毒方面，光催化同样能够利用活性氧自由基的氧化能力来破坏细菌、真菌等微生物的细胞结构，达到杀灭和抑制微生物的目的。

5.4.1 空气净化

在过去的十年里，人们对室内空气质量进行了广泛而深入的研究，因此，室内空气污染标准变得更加严格。据文献报道，有害的挥发性有机化合物（VOC）是对人类健康产生不利影响的主要室内污染物。[370-372] 短期接触苯、甲苯、乙苯和二甲苯（BTEX）化合物会导致眼睛、鼻子和喉咙不适，呼吸急促、短期记忆丧失、疲劳、头晕、肺部和神经系统损伤以及肺活量下降，并伴有各种呼吸道症状。长期接触 BTEX 化合物也会影响产妇健康和新生儿的神经系统。BTEX 是挥发性有机化合物的主要芳香族。其人为来源主要包括车辆排放、汽油蒸发、燃料燃烧、溶剂使用、炼油厂气体排放、天然气与石油气泄漏、烟草烟雾和固体废物分解。[373] 这些 BTEX 化合物在家庭和其他建筑等室内环境中以低浓度存在，可能导致严重疾病。汽车狭小封闭空间中存在的挥发性有机物也对人类健康构成严重威胁。因此，通过吸附和去除有害的 VOC 来控制室内空气质量至关重要。

光催化反应器的设计在高性能的光催化活性中起着至关重要的作用，特别是在光照增强效率以及光催化剂与气体污染物之间存在的相互联系方面。[374] 对于一个高效的反应器，它必须具有宽的表面体积比和高的光子通量效率，才能实现最高的活性，必须照亮光反应器的宽覆盖区域。到目前为止，已经报道了许多光催化反应器，包括填充床反应器、单片反应器、微反应器、光纤反应器等。填充床反应器具有结构简单、操作方便、稳定性高和回收率高等优点。

5.4.2 杀菌消毒

从 2019 年开始，SARS-CoV-2 是一种新型致病性人类冠状病毒，导致了非典型肺炎样严重急性呼吸综合征（SARS）暴发，称为新冠肺炎，对人们的生活、社会、流动和全球化造成了直接打击。在目前的各种固态抗病毒化合物中，TiO_2 光催化剂因其富含地球、无毒、化学稳定性以及在紫外线、可见光

和近红外光照射下具有更高的抗病毒效果而备受青睐。[375-379]

近年来，光催化材料在杀菌消毒领域的研究得到了广泛关注。通过利用光催化过程中产生的活性氧自由基，光催化材料能够高效地破坏细菌、真菌等微生物的细胞结构，具有广阔的应用前景。

光催化杀菌消毒的机理主要涉及活性氧自由基的生成和微生物细胞结构的破坏。在光照条件下，光催化材料能够吸收光能产生电子 - 空穴对，电子与氧分子结合生成活性氧自由基（如羟基自由基），而阳空穴则参与氧化还原反应。这些活性氧自由基具有很强的氧化能力，能够破坏微生物细胞膜、DNA、蛋白质等结构，从而达到杀菌消毒的效果。

近年来，针对光催化材料在杀菌消毒领域的研究取得了许多重要进展。以下是一些研究方向的概述。

（1）光催化材料的改性：为了提高光催化材料的光催化活性和稳定性，研究人员通过调控材料结构、形貌和表面性质等手段进行改性。例如，通过调节纳米材料的形貌，可以增强光催化材料的光吸收能力和光生电子 - 空穴对的分离效率；通过复合不同功能材料，可以有效地提高光催化材料的催化性能。

（2）光催化材料的载体设计：为了提高光催化材料在杀菌消毒过程中的可用性和稳定性，研究人员开始关注载体设计。通过将光催化材料固定在合适的载体上，可以提高其分散性和稳定性，减少材料的损失和细菌 / 病毒的再生产。

（3）光催化材料的光源选择：光催化过程需要外部光源的激发，光源的选择对光催化反应的效率和效果有重要影响。目前，广泛应用的光源包括紫外线、可见光和 LED 灯光等。研究人员致力于寻找更加高效的光源，并结合光催化材料的特性进行针对性设计。

光催化材料在杀菌消毒领域具有广泛的应用前景。它可以用于室内空气净化、水处理、医疗卫生、食品加工等方面。例如，在医疗环境中，光催化材料可以用于手术器械、病房、空气净化等方面，有效地杀灭病原菌，减少交叉感染的风险。在食品加工过程中，光催化材料可以用于食品表面的杀菌消毒，提高食品的安全性和延长保存期限。然而，光催化材料在实际应用中还面临一些挑战。例如，光催化材料的光催化效率和稳定性仍需进一步提高；光源的选择和能耗等问题也需要解决。此外，光催化杀菌消毒技术在规模化应用上还存在一定的难度。总结起来，光催化材料在杀菌消毒方面的研究取得了许多重要进展，具有广阔的应用前景。随着对光催化机理的深入理解和材料设计的不断优化，相信光催化材料将成为未来杀菌消毒领域的重要技术之一，为我们营造更加清洁、健康和安全的生活环境。

5.5 机遇与挑战

5.5.1 TiO_2 光催化材料面临的挑战与机遇

TiO_2 光催化材料的优点之一是其化学稳定性和光稳定性。它可以在宽波长范围内吸收光能，包括紫外光和可见光。此外，TiO_2 具有良好的耐腐蚀性和机械强度，可以在不同的环境条件下稳定工作。然而，TiO_2 光催化材料也存在一些缺点。例如，TiO_2 在可见光范围内的光吸收能力相对较弱，导致其在可见光催化反应中的效率有限。此外，光激发后，TiO_2 中产生的电子和空穴容易发生复合而不能参与有效的催化反应，降低了光催化活性。

为了克服这些缺点，科学家通过调控 TiO_2 的晶体结构、表面形貌和添加杂质等手段，来改善其光催化性能。例如，通过改变 TiO_2 的晶相、形貌工程、载体修饰等可以增强光吸收能力和抑制电子 - 空穴复合。此外，将其他材料作为共催化剂与 TiO_2 组装形成协同催化体系，也可以提高催化活性和选择性。具体介绍如下。

TiO_2 光催化材料面临的主要挑战包括：

（1）光吸收范围限制：传统的 TiO_2 光催化材料主要在紫外光区域吸收光能，而太阳光主要包含可见光，因此需要提高 TiO_2 的可见光吸收能力，以提高光催化效率。

（2）电子 - 空穴复合：在光照下，TiO_2 产生电子和空穴对，但这些电子和空穴往往会迅速复合，从而降低光催化效率。控制电子 - 空穴复合是一个重要的挑战。

（3）产物选择性：TiO_2 的光催化反应产生的产物种类和选择性可能受到限制，因此需要针对不同的应用调控产物选择性。

（4）催化活性：TiO_2 的催化活性可能不足，特别是在可见光条件下。提高 TiO_2 的催化活性，使其在低能量光照下也能有效催化是一个挑战。

同时，TiO_2 光催化材料的发展还在以下几个存在较大的机遇：

（1）可见光响应材料的开发：制备可见光响应的 TiO_2 材料是一个重要机遇，可以通过控制材料结构、掺杂、复合等方法来实现。

（2）纳米技术的应用：利用纳米技术可以调控 TiO_2 的晶体结构、表面性质等，从而提高光催化效率和活性。

（3）复合材料的设计：将 TiO_2 与其他功能材料进行复合，如半导体、金属氧化物等，可以拓展其光催化应用范围，提高催化效率。

（4）表面修饰和功能化：表面修饰可以调控 TiO_2 的表面性质，改善光催化活性、选择性和稳定性。

（5）多功能应用：除了水和空气净化，TiO_2 的光催化还可以应用于有机合成、光电池、电解水制氢等领域。

总的来说，TiO_2 光催化材料在光催化领域具有重要的地位和潜力。通过克服挑战，发挥其机遇，可以实现更高效、可持续的光催化应用。

5.5.2　MOF 基光催化材料面临的挑战与机遇

金属有机骨架材料（MOF）作为一类新型多孔材料，近年来在光催化领域引起了人们的广泛的关注。MOF 基光催化剂因其独特的结构和性能，在环境净化、能源转换、有机合成等领域展现出巨大的潜力。然而，尽管取得了一系列令人瞩目的成果，MOF 基光催化剂在实际应用中仍然面临着一些挑战。

（1）光催化效率提升：MOF 的晶格结构能够提供大量活性位点，然而其中的电子传输和质子传导过程限制了光催化效率的提升。解决这一问题需要深入理解 MOF 内部的电子和质子传输机制，并设计出更加高效的载流子传输通道。

（2）稳定性和寿命：在光催化过程中，MOF 容易受到外界环境、高温、潮湿等因素的影响，导致结构破坏和活性位点失活，从而影响催化剂的长期稳定性和使用寿命。解决这一问题需要探索新的合成方法，改进 MOF 的结构稳定性，并设计出有效的保护策略。

（3）光吸收范围限制：MOF 的光吸收范围通常受限于其组成元素和结构，限制了其在可见光及近红外光区域的应用。如何调控 MOF 的能带结构，扩展其光吸收范围，是提高光催化效率的关键所在。

（4）反应选择性与产物分布：MOF 基光催化剂的反应选择性和产物分布直接影响其在有机合成等领域的应用。设计出高选择性的催化剂，并深入理解反应机制，对于实现可控合成具有重要意义。

当然，MOF 基光催化剂在实际应用中同时也孕育着许多机遇。

（1）多功能性设计：MOF 材料具有高度可调性，可以通过调整组分和结构实现不同的光催化性能。通过多功能性设计，可以开发出适用于不同应用场景的定制化 MOF 基光催化剂，如环境污染治理、太阳能转换等。

（2）协同效应提升：MOF 与其他纳米材料（如金纳米粒子、半导体纳米材料）相结合，可以产生协同效应，提高催化效率和选择性。这种多相催化体系为实现复杂反应提供了新的途径。

（3）理论计算辅助设计：随着计算机技术的不断进步，理论计算在材料设计中发挥着越来越重要的作用。通过计算模拟，可以深入了解 MOF 内部的能带结构、电子结构等，为更精确的催化剂设计提供支持。

（4）可持续发展：MOF 材料常常由可再生资源制备而成，因此具有较好的可持续性。在能源危机和环境问题日益严重的背景下，MOF 基光催化剂的可持续性优势将逐渐凸显，有望成为解决能源与环境挑战的重要手段。

（5）实用化应用拓展：MOF 基光催化剂已经在实验室中取得了一系列令

人瞩目的成果，但要实现从实验室到工业应用的转化，仍需克服技术规模化、成本降低等挑战。这一领域的迅速发展也为投资和产业化提供了机遇。

5.5.3　MXene基光催化材料面临的挑战与机遇

目前，已经开发了几种基于MXene的光催化剂技术，用于光降解水和废水中的目标污染物。尽管如此，它们仍存在缺点，如光降解质量差、表面不均匀，以及通过传统技术开发的光催化剂之间缺乏活性位点和带隙。因此，笔者认为需要最新的技术来开发优异的光催化剂特性。新的数字技术将有助于开发一种新型MXene家族成员，并在MXene家族的发展中发挥至关重要的作用。

MXene结构及其光催化能力之间存在几种可以想象的异质性关系，尽管许多制备方法仍存在争议，MXene基复合材料与其他2D化合物的发展是MXene热物理特性增强的原因。在这方面，可以对其基础理论研究进行拓展和研究。由于合成中使用的高成本、低产率的纯化组分和光催化MXene组分，很难实现克级商业生产。大规模生产的技术目前还不实用。为了防止重新堆积的要求，保持大的比表面积，并在开发的光催化剂表面提供几个活性位点来降解目标污染物，至关重要的是基于MXene的层是可变的。因此，必须大量生产高质量且尺寸一致的Mxene。

MXene基材料具有成本效益。此外，MXene基材料对环境和能源具有重要影响。MXene基光催化剂具有较低的热稳定性和化学稳定性。因此，笔者认为，新开发的MXene基纳米颗粒在光催化剂的开发中显示出前景；在开发出稳定的纳米催化剂之前，仍有许多障碍需要清除。MXene基纳米颗粒是一种极具吸引力的材料，但应进行环境和人体健康检查。

未来的研究应考虑基于MXene光催化剂生产进展的动力学和热力学控制技术。MXene的开发应结合理论分析和实际实验使用。为预测MXene的性能、特征，理解MXene的光催化全过程，同时在微观层面进行评估，密度泛函理论等模拟方法可用于催化剂结构分析中。MXene在光催化领域的实验与理论相结合的研究相对较少且不完整。

5.5.4 氮化物基光催化材料制备的难点与未来发展方向

未来研究方向：从目前的研究来看，氮化碳晶体的合成结果并不是很理想，主要表现在：①各种合成方法很难得到单一相的氮化碳晶体，多晶薄膜或非晶薄膜样品给结构分析带来很大困难；②合成产物的形貌、结构和光谱分析至今没有出现相互支持、相互验证的实验结果。

基于氮化碳单晶体合成的困难，且由于高氮含量的非晶态氮化碳薄膜也具有很多优异的物理性质，目前很多研究工作转向氮化碳薄膜的结构和性能研究，包括化学气相沉积条件对薄膜组成成分、光学性能的影响，氮化碳薄膜的力学性能的测定，掺杂对薄膜力学和光学性能的影响等。因此，回避氮化碳晶体结构的表征，寻求性能优异的氮化碳薄膜的制备方法和应用途径可能是当前关于氮化碳研究的一个主要方向。

第6章

绿色环保光催化功能材料在未来的发展趋势与展望

绿色环保光催化材料在未来的发展趋势主要是绿色来源材料、绿色合成方法、可循环性能的提高和多种功能兼备的复合材料的研制。随着人工智能的发展，光催化材料的设计、开发和制备，甚至回收等材料的全过程管理均能与人工智能相结合。

6.1 新兴光催化材料的研究方向

6.1.1 当前研究领域的发展

新兴光催化材料的研究方向涵盖了许多不同的材料和应用，当前研究的热点方向有以下几方面。

（1）二维材料的光催化应用：二维材料，如石墨烯、二硫化钼等，在光催化领域具有独特的优势，如大比表面积、高载流子迁移速率等，其在光催化反应中的应用被广泛研究。

（2）共价有机框架（COF）和金属有机框架（MOF）的光催化应用：COF和MOF材料具有调制性能的潜力，可用于光催化反应，如光催化分解水产氢。

（3）复合材料的开发和优化：将光催化材料与其他功能材料（如金属纳米颗粒、纳米线、碳纳米材料等）形成复合结构，可以改善光催化材料的吸光能力、载流子分离和转移效率，提高光催化性能。

（4）纳米材料的设计和合成：纳米材料的尺寸和形貌对其光催化性能具有显著影响。研究人员致力于设计和合成形貌可控的纳米材料，以获得更高效、更稳定的光催化反应。

（5）光电催化剂的开发：光电催化剂通过光吸收和载流子的分离来驱动化学反应。例如，在光电化学的研究中，半导体光电催化剂被广泛应用于类似光电解水产氢和 CO_2 还原等反应。

（6）可见光响应材料的研究：研究人员致力于开发对可见光具有高效响应的材料，以提高光催化过程的效率。这些材料可以扩展光催化反应的应用范围，并提供更大的光照条件下的活性。

（7）去控制催化活性和产物选择性：研究人员正在努力设计光催化材料和催化剂，以实现特定反应的高选择性和效率，并探索材料表面位点的调控和催化剂结构的设计。这些研究方向旨在推动光催化材料的发展和应用，提高绿色环保光催化技术在能源、环境和可持续发展等方面的应用效果。

6.1.2 人工智能与光催化材料

人工智能是一种模拟人类智能的计算机系统。它通过学习和推理来模拟人类的思维和决策过程，具有自主学习、自适应和自我优化的能力。人工智能在各个领域都有广泛的应用，如图像识别、自然语言处理、机器人技术和智能交通等。在光催化材料领域，人工智能可以用于优化催化剂设计、预测反应动力学和优化反应条件等方面。通过建立模型和算法，人工智能可以帮助科学家快速筛选和设计具有高效催化性能的光催化材料，从而加速材料研发的进程。

光催化材料和人工智能之间的相互关系是双向的。一方面，人工智能可以为光催化材料的研究和应用提供新的思路和方法。例如，通过机器学习和深度学习算法，可以对大量的实验数据进行分析和挖掘，从而揭示光催化材料的结构－性能关系和反应机理。这些信息可以帮助科学家更好地理解光催化材料的工作原理，并指导材料设计和反应条件的优化。另一方面，光催化材料也可以为人工智能提供新的应用场景。例如，利用光催化材料实现能量转换和存储，可以为人工智能设备提供可持续的能源供应。此外，光催化材料还可以用于光电子器件中的光传感和光控制，为人工智能系统提供更多的输入和输出接口。

总的来说，光催化材料和人工智能的结合可以为科学和技术的发展带来许多新的机遇和挑战。通过光催化材料的研究和应用，我们可以开发出更高效、可持续和环境友好的能源转换和催化技术。同时，人工智能的发展也将为光催化材料的研究和应用提供更多的工具和方法。这种相互促进的关系将推动光催化和人工智能领域的进一步发展，为我们创造更美好的未来。

6.2　潜在应用领域的扩展

绿色环保光催化材料在当前的应用领域已经取得了显著的进展，但仍存在许多潜在的扩展应用领域。以下是一些可能的扩展应用领域：

（1）碳捕获和 CO_2 还原：光催化材料可以用于捕获大气中的 CO_2 并将其转化为有用的化学品或燃料，有助于减缓气候变化和促进碳循环。

（2）可见光催化材料在有机合成中的应用：开发能够利用可见光进行催化反应的材料，可以在有机合成领域实现更可持续和环保的反应条件，减少有害废物的生成。

（3）光催化材料在生物医学领域的应用：利用光催化材料进行光动力疗法和光诱导杀菌，能够对肿瘤进行精确治疗，并有效杀灭病原微生物。

（4）智能窗帘和自清洁材料：将光催化材料应用于窗帘和建筑材料上，可以实现智能调节室内光线和自动清洁表面的功能，提高室内环境质量。

（5）光催化材料在能源存储领域的应用：光催化材料可以用于太阳能的转化和储存，例如，通过光电催化将太阳能转化为化学能，实现可持续的能源储存。

（6）光催化材料在电池和超级电容器的应用：利用光催化材料进行电池和超级电容器的光催化充放电反应，可以提高能源转换效率和储能容量。

（7）光催化材料在环境监测和传感领域的应用：利用光催化材料的光吸收和光致发光特性，可以开发出高灵敏度和高选择性的环境监测和传感器件，用于检测污染物和有害气体。

这些领域的扩展应用有望进一步推动绿色环保光催化材料的研究和应用，并为环境保护、能源转换和可持续发展等领域带来更多的创新和解决方案。

6.3　可持续发展与绿色经济的关系

可持续发展和绿色经济是相互关联和相互促进的。它们都致力于实现经济、社会和环境的协调发展，以满足当前和未来的需求。

可持续发展被定义为利用资源、保护环境和满足社会需求的一种发展方式。其核心理念是将经济增长与环境保护、社会公平和人类福祉相结合。可持续发展强调的是长期发展的可持续性、资源的合理利用、环境的保护和社会的公正。

而绿色经济是一种以低碳、资源高效利用和环境友好为特征的经济模式。绿色经济追求经济增长与环境保护的协同，通过转变产业结构、推动创新和可持续消费生产模式，实现经济的绿色化和可持续化发展。

可持续发展和绿色经济之间的关系可以总结如下：

（1）目标一致性：可持续发展和绿色经济都追求经济发展与环境保护的平衡，以及社会公正的实现。它们共同关注的重点包括资源消耗减少、能源效率提高、碳排放减少以及社会公平等。

（2）互为手段和目标：可持续发展是一个更广泛的概念，绿色经济则是实现可持续发展的经济模式之一。绿色经济作为实现可持续发展的手段，通过提供环境友好的产品和服务，推动经济的转型。

（3）产生正向循环效应：绿色经济的推动可以促进经济增长，同时减少环境污染和资源损耗。这样的循环效应有助于实现可持续发展目标，促进经济的长期可持续发展。

（4）创造新机遇和就业：绿色经济的发展推动了新的产业和就业机会的出现，例如可再生能源、环境技术和绿色建筑等领域。这不仅有助于经济增长，还创造了可持续发展的就业和社会福利。

综上所述，可持续发展和绿色经济是相辅相成、相互促进的。通过推动绿色经济的发展，可以实现经济、社会和环境的协调发展，促进可持续发展的实现。

参考文献

[1] 韩世同，习海玲，史瑞雪．半导体光催化研究进展与展望[J]．化学物理学报，2003，5：339-349.

[2] Ma Y, Wang X, Jia Y. Titanium dioxide-based nanomaterials for photocatalytic fuel generations [J]. Chemical reviews, 2014, 114(19): 9987-10043.

[3] Mishra B P, Parida K. Orienting Z scheme charge transfer in graphitic carbon nitride-based systems for photocatalytic energy and environmental applications [J]. Journal of Materials Chemistry A, 2021, 9(16): 10039-10080.

[4] Zhu S, Wang D. Photocatalysis: basic principles, diverse forms of implementations and emerging scientific opportunities [J]. Advanced Energy Materials, 2017, 7(23): 1700841-1700864.

[5] Radakovits R, Jinkerson RE, Darzins A. Genetic engineering of algae for enhanced biofuel production [J]. Eukaryotic Cell, 2010, 9(4): 486-501.

[6] Das D, Veziroˇlu TN. Hydrogen production by biological processes: a survey of literature [J]. International Journal of Hydrogen Energy, 2001, 26(1): 13-28.

[7] Melis A. Photosynthesis-to-fuels: from sunlight to hydrogen, isoprene, and botryococcene production [J]. Energy & Environmental Science, 2012, 5(2): 5531-5539.

[8] Zhang P, Zhang J, Gong J. Tantalum-based semiconductors for solar water splitting [J]. Chemical Society Reviews, 2014, 43(13): 4395-4422.

[9] Takanabe K, Domen K. Toward Visible Light Response: Overall Water Splitting Using Heterogeneous Photocatalysts [J]. Green, 2011, 1(5-6): 313-322.

[10] Kočí K, Obalová L, Mat ě jová L. Effect of TiO_2 particle size on the photocatalytic reduction of CO_2 [J]. Applied Catalysis B: Environmental, 2009, 89(3-4): 494-502.

[11] Amano F, Ishinaga E, Yamakata A. Effect of particle size on the photocatalytic activity of WO_3 particles for water oxidation [J]. The Journal of Physical Chemistry C, 2013, 117(44): 22584-22590.

[12] Masson R, Keller V, Keller N. β-SiC alveolar foams as a structured photocatalytic

support for the gas phase photocatalytic degradation of methylethylketone [J]. Applied Catalysis B: Environmental, 2015, 170: 301–311.

[13] Zeitler K. Photoredox catalysis with visible light [J]. Angewandte Chemie International Edition, 2019, 48 (52): 9785–9789.

[14] Chen L, Guo Z, Wei X G. Molecular catalysis of the electrochemical and photochemical reduction of CO_2 with earth–abundant metal complexes: Selective production of CO vs HCOOH by switching of the metal center [J]. Journal of the American Chemical Society, 2015, 137 (34): 10918–10921.

[15] Hong D, Yamada Y, Nagatomi T. Catalysis of nickel ferrite for photocatalytic water oxidation using $[Ru(bpy)_3]^{2+}$ and $S_2O_8^{2-}$ [J]. Journal of the American Chemical Society, 2012, 134 (48): 19572–19575.

[16] Karimian D, Yadollahi B, Mirkhani V. Harvesting visible light for aerobic oxidation of alcohols by a novel and efficient hybrid polyoxometalate [J]. Dalton Transactions, 2015, 44 (4): 1709–1715.

[17] Ye S, Chen R, Xu Y. An artificial photosynthetic system containing an inorganic semiconductor and a molecular catalyst for photocatalytic water oxidation [J]. Journal of Catalysis, 2016, 338: 168–173.

[18] Koshiyama T, Kanda N, Iwata K. Regulation of a cerium (iv) –driven O_2 evolution reaction using composites of liposome and lipophilic ruthenium complexes [J]. Dalton Transactions, 2015, 44 (34): 15126–15129.

[19] Fujishima A, Rao T N, Tryk D A. Titanium dioxide photocatalysis [J]. Journal of Photochemistry and Photobiology C: Photochemistry Reviews, 2000, 1 (1): 1–21.

[20] Nakata K, Fujishima A. TiO_2 photocatalysis: Design and applications [J]. Journal of photochemistry and photobiology C: Photochemistry Reviews, 2012, 13 (3): 169–189.

[21] Chen X, Liu L, Yu P Y. Increasing solar absorption for photocatalysis with black hydrogenated titanium dioxide nanocrystals [J]. Science, 2011, 331 (6018): 746–750.

[22] Chen X, Mao S S. Titanium dioxide nanomaterials: synthesis, properties, modifications, and applications [J]. Chemical Reviews, 2007, 107 (7): 2891–2959.

[23] 张彭义，余刚，蒋展鹏 . 半导体光催化剂及其改性技术进展 [J] . 环境科学进展，1997，3 : 1–10.

[24] Nosheen S, Galasso F S, Suib S L. Role of Ti-O bonds in phase transitions of TiO_2 [J]. Langmuir, 2009, 25 (13): 7623−7630.

[25] Feist T P, Davies P K. The soft chemical synthesis of TiO_2 (B) from layered titanates [J]. Journal of Solid State Chemistry, 1992, 101 (2): 275−295.

[26] Zhang J, Li M, Feng Z. UV Raman spectroscopic study on TiO_2. I. Phase transformation at the surface and in the bulk [J]. The Journal of Physical Chemistry B, 2006, 110 (2): 927−935.

[27] Su W, Zhang J, Feng Z. Surface phases of TiO_2 nanoparticles studied by UV Raman spectroscopy and FT−IR spectroscopy [J]. The Journal of Physical Chemistry C, 2008, 112 (20): 7710−7716.

[28] 范崇政，肖建平，丁延伟 . 纳米 TiO_2 的制备与光催化反应研究进展 [J]. 科学通报，2001，4：265−273.

[29] Zhang J, Xu Q, Li M. UV Raman spectroscopic study on TiO_2. II. Effect of nanoparticle size on the outer/inner phase transformations [J]. The Journal of Physical Chemistry C, 2009, 113 (5): 1698−1704.

[30] 唐玉朝，胡春，王怡中 . TiO_2 光催化反应机理及动力学研究进展 [J]. 化学进展，2002，3：192−199.

[31] Yang H G, Sun C H, Qiao S Z. Anatase TiO_2 single crystals with a large percentage of reactive facets [J]. Nature, 2008, 453 (7195): 638−641.

[32] Ma Y, Wang X, Jia Y. Titanium dioxide−based nanomaterials for photocatalytic fuel generations [J]. Chemical Reviews, 2014, 114 (19): 9987−10043.

[33] Ribeiro M C, de Oliveira L F, Gonçalves N S. Boson peak in the room−temperature molten salt tetra (n−butyl) ammonium croconate [J]. Physical Review B, 2001, 63 (10): 104303−104311.

[34] He Y, Dulub O, Cheng H. Evidence for the predominance of subsurface defects on reduced anatase TiO_2 (101)[J]. Physical Review Letters, 2009, 102 (10): 106105−106108.

[35] Wang Z, Wen B, Hao Q. Localized excitation of Ti^{3+} ions in the photoabsorption and photocatalytic activity of reduced rutile TiO_2 [J]. Journal of the American Chemical Society, 2015, 137 (28): 9146−9152.

[36] Guo Q, Zhou C, Ma Z. Fundamentals of TiO_2 photocatalysis: concepts, mechanisms, and challenges [J]. Advanced Materials, 2019, 31 (50): 1901997−1902022.

[37] Hardman P J, Raikar G N, Muryn C A. Valence-band structure of TiO_2 along the $\Gamma-\Delta-X$ and $\Gamma-\Sigma-M$ directions [J]. Physical Review B, 1994, 49 (11): 7170-7177.

[38] Lindan P J D, Harrison N M, Gillan M J. First-principles spin-polarized calculations on the reduced and reconstructed TiO_2 (110) surface [J]. Physical Review B, 1997, 55 (23): 15919-15927.

[39] Diebold U. The surface science of titanium dioxide [J]. Surface Science Reports, 2003, 48 (5-8): 53-229.

[40] Zhang Z, Yates Jr J T. Band bending in semiconductors: chemical and physical consequences at surfaces and interfaces [J]. Chemical Reviews, 2012, 112 (10): 5520-5551.

[41] Schneider J, Matsuoka M, Takeuchi M. Understanding TiO_2 photocatalysis: mechanisms and materials [J]. Chemical Reviews, 2014, 114 (19): 9919-9986.

[42] Xiao Y, Wu J, Jia T. Fabrication of BiOI nanosheets with exposed (001) and (110) facets with different methods for photocatalytic oxidation elemental mercury [J]. Colloid and Interface Science Communications, 2021, 40: 100357-100364.

[43] Jia T, Wu J, Xiao Y. Self-grown oxygen vacancies-rich CeO_2/BiOBr Z-scheme heterojunction decorated with rGO as charge transfer channel for enhanced photocatalytic oxidation of elemental mercury [J]. Journal of Colloid and Interface Science, 2021, 587: 402-416.

[44] Li J, Sun Y, Cen W. Facet-dependent interfacial charge separation and transfer in plasmonic photocatalysts [J]. Applied Catalysis B: Environmental, 2018, 226: 269-277.

[45] Jia T, Wu J, Song J. In situ self-growing 3D hierarchical BiOBr/$BiOIO_3$ Z-scheme heterojunction with rich oxygen vacancies and iodine ions as carriers transfer dual-channels for enhanced photocatalytic activity [J]. Chemical Engineering Journal, 2020, 396: 125258-125273.

[46] Cao J, Xu B, Luo B. Novel BiOI/BiOBr heterojunction photocatalysts with enhanced visible light photocatalytic properties [J]. Catalysis Communications, 2011, 13 (1): 63-68.

[47] Jia T, Wu J, Ji Z. Surface defect engineering of Fe-doped $Bi_7O_9I_3$ microflowers for ameliorating charge-carrier separation and molecular oxygen activation [J]. Applied

Catalysis B: Environmental, 2021, 284: 119727−119739.
[48] Li Y, Wang J, Yao H. Efficient decomposition of organic compounds and reaction mechanism with BiOI photocatalyst under visible light irradiation [J]. Journal of Molecular Catalysis A: Chemical, 2011, 334 (1−2): 116−122.
[49] Chen W, Huang J, Yu X. The roles of graphene and sandwich structure in rGO/BiOI/rGO to enhance the photoelectrocatalytic activity [J]. Journal of Solid State Chemistry, 2020, 289: 121480−121487.
[50] Zhou P, Zhang A, Zhang D. Efficient removal of HgO from simulated flue gas by novel magnetic Ag_2WO_4/BiOI/$CoFe_2O_4$ photocatalysts [J]. Chemical Engineering Journal, 2019, 373: 780−791.
[51] Liu Y, Zhu G, Gao J. Enhanced photocatalytic activity of $Bi_4Ti_3O_{12}$ nanosheets by Fe^{3+}−doping and the addition of Au nanoparticles: photodegradation of phenol and bisphenol A [J]. Applied Catalysis B: Environmental, 2017, 200: 72−82.
[52] Wang Z Q, Wang H, Wu X F. Oxygen vacancies and pn heterojunction modified BiOBr for enhancing donor density and separation efficiency under visible−light irradiation [J]. Journal of Alloys and Compounds, 2020, 834: 155025−155033.
[53] Juntrapirom S, Anuchai S, Thongsook O. Photocatalytic activity enhancement of g−C_3N_4/BiOBr in selective transformation of primary amines to imines and its reaction mechanism [J]. Chemical Engineering Journal, 2020, 394: 124934−124935.
[54] Zhao W, Chen Z, Yang X. Recent advances in photocatalytic hydrogen evolution with high−performance catalysts without precious metals [J]. Renewable and Sustainable Energy Reviews, 2020, 132: 110040−110054.
[55] Chen C, Zhou J, Geng J. Perovskite $LaNiO_3$/TiO_2 step−scheme heterojunction with enhanced photocatalytic activity [J]. Applied Surface Science, 2020, 503: 144287.
[56] Wang J, Zhang Q, Deng F. Rapid toxicity elimination of organic pollutants by the photocatalysis of environment−friendly and magnetically recoverable step−scheme $SnFe_2O_4$/$ZnFe_2O_4$ nano−heterojunctions [J]. Chemical Engineering Journal, 2020, 379: 122264−122274.
[57] Mei F, Dai K, Zhang J. Construction of Ag SPR−promoted step−scheme porous g−C_3N_4/Ag_3VO_4 heterojunction for improving photocatalytic activity [J]. Applied Surface Science, 2019, 488: 151−160.
[58] Fan H, Zhou H, Li W. Facile fabrication of 2D/2D step−scheme In_2S_3/$Bi_2O_2CO_3$

heterojunction towards enhanced photocatalytic activity [J]. Applied Surface Science, 2020, 504: 144351.

[59] Li X, Xiong J, Gao X. Novel BP/BiOBr S-scheme nano-heterojunction for enhanced visible-light photocatalytic tetracycline removal and oxygen evolution activity [J]. Journal of Hazardous Materials, 2020, 387: 121690.

[60] Yang W, Wang X, Song S. Syntheses and applications of noble-metal-free CeO_2-based mixed-oxide nanocatalysts [J]. Chem, 2019, 5 (7): 1743-1774.

[61] Guan L, Le S, He S. Densification behavior and space charge blocking effect of Bi_2O_3 and Gd_2O_3 co-doped CeO_2 as electrolyte for solid oxide fuel cells [J]. Electrochimica Acta, 2015, 161: 129-136.

[62] Zhao R, Huan L, Gu P. Yb. Er-doped CeO_2 nanotubes as an assistant layer for photoconversion-enhanced dye-sensitized solar cells [J]. Journal of Power Sources, 2016, 331: 527-534.

[63] Yang X, Zhang Y, Wang Y. Hollow β-Bi_2O_3@ CeO_2 heterostructure microsphere with controllable crystal phase for efficient photocatalysis [J]. Chemical Engineering Journal, 2010, 387: 124100-124108.

[64] Xiao Y, Tan S, Wang D. CeO_2/$BiOIO_3$ heterojunction with oxygen vacancies and Ce^{4+}/Ce^{3+} redox centers synergistically enhanced photocatalytic removal heavy metal [J]. Applied Surface Science, 2020, 530: 147116-147127.

[65] Lai C, Xu F, Zhang M. Facile synthesis of CeO_2/carbonate doped $Bi_2O_2CO_3$ Z-scheme heterojunction for improved visible-light photocatalytic performance: Photodegradation of tetracycline and photocatalytic mechanism [J]. Journal of Colloid and Interface Science, 2021, 588: 283-294.

[66] Yaghi O M, Li G, Li H. Selective binding and removal of guests in a microporous metal-organic framework [J]. Nature, 1995, 378 (6558): 703-706.

[67] Furukawa H, Cordova K E, O'Keeffe M. The chemistry and applications of metal-organic frameworks [J]. Science, 2013, 341 (6149): 1230444-1230455.

[68] Wei Z, Ding B, Dou H. 2020 roadmap on pore materials for energy and environmental applications [J]. Chinese Chemical Letters, 2019, 30 (12): 2110-2122.

[69] 翟睿，焦丰龙，林虹君 . 金属有机框架材料的研究进展 [J]. 色谱，2014，32 (2): 107-116.

[70] Wang S, Hou S, Wu C. $RuCl_3$ anchored onto post-synthetic modification MIL-101

(Cr)$-NH_2$ as heterogeneous catalyst for hydrogenation of CO_2 to formic acid [J]. Chinese Chemical Letters, 2019, 30(2): 398−402.

[71] Samuel M S, Subramaniyan V, Bhattacharya J. A GO−CS@ MOF [Zn(BDC)(DMF)] material for the adsorption of chromium (VI) ions from aqueous solution [J]. Composites Part B: Engineering, 2018, 152: 116−125.

[72] 肖娟定，李丹丹，江海龙. 金属有机框架材料在光催化中的应用 [J]. 中国科学：化学，2018，48（9）：1058−1075.

[73] Filippousi M, Turner S, Leus K. Biocompatible Zr−based nanoscale MOFs coated with modified poly(ε−caprolactone) as anticancer drug carriers [J]. International Journal of Pharmaceutics, 2016, 509(1−2): 208−218.

[74] Zeng L, Guo X, He C. Metal–organic frameworks: versatile materials for heterogeneous photocatalysis [J]. ACS Catalysis, 2016, 6(11): 7935−7947.

[75] Llabrés i Xamena F X, Corma A, Garcia H. Applications for metal−organic frameworks (MOFs) as quantum dot semiconductors [J]. The Journal of Physical Chemistry C, 2007, 111(1): 80−85.

[76] Nasalevich M A, Van der Veen M, Kapteijn F. Metal–organic frameworks as heterogeneous photocatalysts: advantages and challenges [J]. CrystEngComm, 2014, 16(23): 4919−4926.

[77] 李路路，刘帅，章琴. 共价有机框架材料研究进展 [J]. 物理化学学报，2017，33（10）：1960−1977.

[78] Vyas V S, Haase F, Stegbauer L. A tunable azine covalent organic framework platform for visible light−induced hydrogen generation [J]. Nature Communications, 2015, 6(1): 8508−8516.

[79] 周婷，龚祎凡，郭佳. 共价有机骨架的设计、制备及应用 [J]. 功能高分子学报，2018，31（3）：189−215.

[80] Guo J, Xu Y, Jin S. Conjugated organic framework with three−dimensionally ordered stable structure and delocalized π clouds [J]. Nature Communications, 2013, 4(1): 2736−2743.

[81] Kaur P, Hupp J T, Nguyen S T. Porous organic polymers in catalysis: opportunities and challenges [J]. Acs Catalysis, 2011, 1(7): 819−835.

[82] Schwab M G, Hamburger M, Feng X. Photocatalytic hydrogen evolution through fully conjugated poly(azomethine) networks [J]. Chemical Communications, 2010,

46 (47) : 8932−8934.

[83] Meier C B, Sprick R S, Monti A. Structure−property relationships for covalent triazine−based frameworks: The effect of spacer length on photocatalytic hydrogen evolution from water [J] . Polymer, 2017, 126: 283−290.

[84] Chen R, Shi J L, Ma Y. Designed synthesis of a 2D porphyrin−based sp^2 carbon−conjugated covalent organic framework for heterogeneous photocatalysis [J] . Angewandte Chemie International Edition, 2019, 58 (19) : 6430−6434.

[85] Huang W, Ma B C, Lu H. Visible−light−promoted selective oxidation of alcohols using a covalent triazine framework [J] . Acs Catalysis, 2017, 7 (8) : 5438−5442.

[86] Wang X, Chen L, Chong S Y. Sulfone−containing covalent organic frameworks for photocatalytic hydrogen evolution from water [J] . Nature Chemistry, 2018, 10 (12) : 1180−1189.

[87] Li Z, Zhi Y, Shao P. Covalent organic framework as an efficient, metal−free, heterogeneous photocatalyst for organic transformations under visible light [J] . Applied Catalysis B: Environmental, 2019, 45: 334−342.

[88] Bi J, Fang W, Li L. Covalent triazine−based frameworks as visible light photocatalysts for the splitting of water [J] . Macromolecular Rapid Communications, 2015, 36 (20) : 1799−1805.

[89] Lv H, Zhao X, Niu H. Ball milling synthesis of covalent organic framework as a highly active photocatalyst for degradation of organic contaminants [J] . Journal of Hazardous Materials, 2019, 369: 494−502.

[90] Yadav R K, Kumar A, Park N J. A highly efficient covalent organic framework film photocatalyst for selective solar fuel production from CO_2 [J] . Journal of Materials Chemistry A, 2016, 4 (24) : 9413−9418.

[91] Zhi Y, Li Z, Feng X. Covalent organic frameworks as metal−free heterogeneous photocatalysts for organic transformations [J] . Journal of Materials Chemistry A, 2017, 5 (44) : 22933−22938.

[92] Nguyen H L, Gándara F, Furukawa H. A titanium–organic framework as an exemplar of combining the chemistry of metal–and covalent–organic frameworks [J] . Journal of the American Chemical Society, 2016, 138 (13) : 4330−4333.

[93] Kong D, Zheng Y, Kobielusz M. Recent advances in visible light−driven water oxidation and reduction in suspension systems [J] . Materials Today, 2018, 21 (8) :

897–924.

[94] Sick T, Hufnagel A G, Kampmann J. Oriented films of conjugated 2D covalent organic frameworks as photocathodes for water splitting [J]. Journal of the American Chemical Society, 2017, 140 (6): 2085–2092.

[95] Yang S, Hu W, Zhang X. 2D covalent organic frameworks as intrinsic photocatalysts for visible light–driven CO_2 reduction [J]. Journal of the American Chemical Society, 2018, 140 (44): 14614–14618.

[96] Bhadra M, Kandambeth S, Sahoo M K. Triazine functionalized porous covalent organic framework for photo–organocatalytic E–Z isomerization of olefins [J]. Journal of the American Chemical Society, 2019, 141 (15): 6152–6156.

[97] Zhou H, Yang L, You W. Rational design of high performance conjugated polymers for organic solar cells [J]. Macromolecules, 2012, 45 (2): 607–632.

[98] Butchosa C, McDonald T O, Cooper A I. Shining a light on s–triazine–based polymers [J]. The Journal of Physical Chemistry C, 2014, 118 (8): 4314–4324.

[99] Jhuo H J, Yeh P N, Liao S H. Review on the recent progress in low band gap conjugated polymers for bulk hetero–junction polymer solar cells [J]. Journal of the Chinese Chemical Society, 2014, 61 (1): 115–126.

[100] Ajayaghosh A. Donor–acceptor type low band gap polymers: polysquaraines and related systems [J]. Chemical Society Reviews, 2003, 32 (4): 181–191.

[101] Huang W, Wang Z J, Ma B C. Hollow nanoporous covalent triazine frameworks via acid vapor–assisted solid phase synthesis for enhanced visible light photoactivity [J] . Journal of materials chemistry A. 2016, 4 (20): 7555–7559.

[102] Ding X, Feng X, Saeki A. Conducting metallophthalocyanine 2D covalent organic frameworks: the role of central metals in controlling π–electronic functions [J]. Chemical communications, 2012, 48 (71): 8952–8954.

[103] Xiao Z, Zhou Y, Xin X. Iron (III) porphyrin–based porous material as photocatalyst for highly efficient and selective degradation of congo red [J]. Macromolecular Chemistry and Physics, 2016, 217 (4): 599–604.

[104] Chen X, Addicoat M, Jin E. Locking covalent organic frameworks with hydrogen bonds: general and remarkable effects on crystalline structure, physical properties, and photochemical activity [J]. Journal of the American chemical society, 2015, 137 (9): 3241–3247.

[105] Nagai A, Chen X, Feng X. A squaraine–linked mesoporous covalent organic framework [J] . Angewandte Chemie International Edition, 2013, 52 (13) : 3770–3774.

[106] Yang H, Zhang S, Han L. High conductive two–dimensional covalent organic framework for lithium storage with large capacity [J] . ACS Applied Materials & Interfaces, 2016, 8 (8) : 5366–5375.

[107] Liu Y, Liao Z, Ma X. Ultrastable and efficient visible–light–driven hydrogen production based on donor–acceptor copolymerized covalent organic polymer [J] . ACS Applied Materials & Interfaces, 2018, 10 (36) : 30698–30705.

[108] 赵彦超，陈琦，韩宝航 . 微孔有机聚合物 [J] . 中国科学：物理学 力学 天文学，2011，41 (9) : 1029–1035.

[109] Feng X, Liu L, Honsho Y. High–rate charge–carrier transport in porphyrin covalent organic frameworks: switching from hole to electron to ambipolar conduction [J] . Angewandte Chemie (International ed. in English) , 2012, 51 (11) : 2618–2622.

[110] 孙淑敏，王培远，吴琼 . 共价有机骨架材料应用研究进展 [J] . 轻工学报，2016，31 (3) : 21–32.

[111] Clarke T M, Durrant J R. Charge photogeneration in organic solar cells [J] . Chemical Reviews, 2012, 110 (11) : 6736–6767.

[112] Wan S, Guo J, Kim J. A Photoconductive Covalent Organic Framework: Self–Condensed Arene Cubes Composed of Eclipsed 2D Polypyrene Sheets for Photocurrent Generation [J] . Angewandte Chemie–International Edition, 2009, 48 (30) : 5439–5442.

[113] Sprick R S, Jiang J X, Bonillo B. Tunable organic photocatalysts for visible–light–driven hydrogen evolution [J] . Journal of the American Chemical Society, 2015, 137 (9) : 3265–3270.

[114] 张春燕，罗建新，李爱阳 . 共价有机骨架聚合物 (COFs) 的应用研究进展 [J] . 高分子通报，2016，2 : 32–39.

[115] Wang Z, Yang X, Yang T. Dibenzothiophene dioxide based conjugated microporous polymers for visible–light–driven hydrogen production [J] . ACS Catalysis, 2018, 8 (9) : 8590–8596.

[116] Rao M R, Fang Y, De Feyter S. Conjugated covalent organic frameworks via michael addition–elimination [J] . Journal of the American Chemical Society, 2017, 139 (6) :

2421–2427.

[117] Zhao Y, Liu H, Wu C. Fully conjugated two–dimensional sp^2–carbon covalent organic frameworks as artificial photosystem I with high efficiency [J]. Angewandte Chemie International Edition, 2019, 58(16): 5376–5381.

[118] Yassin A, Trunk M, Czerny F. Structure–Thermodynamic–Property Relationships in Cyanovinyl–Based Microporous Polymer Networks for the Future Design of Advanced Carbon Capture Materials [J]. Advanced Functional Materials, 2017, 27(26): 1700233–1700241.

[119] Zhang Q, Dai M, Shao H. Insights into high conductivity of the two–dimensional iodine–oxidized sp^2–c–COF [J]. ACS applied Materials & Interfaces, 2018, 10(50): 43595–43602.

[120] Lingamdinne L P, Koduru J R, Karri R. A comprehensive review of applications of magnetic graphene oxide based nanocomposites for sustainable water purification [J]. Journal of Environmental Management, 2019, 231: 622–634.

[121] Gupta T. Carbon: the black, the gray and the transparent [M]. Berlin: Springer, 2017.

[122] Ray S C. Application and uses of graphene oxide and reduced graphene oxide [J]. Applications of Graphene and Graphene–oxide Based Nanomaterials, 2015, 6(8): 39–55.

[123] Li X, Shen R, Ma S. Graphene–based heterojunction photocatalysts [J]. Applied Surface Science, 2018, 430: 53–107.

[124] Vidhya M S, Ravi G, Yuvakkumar R. Functional reduced graphene oxide/cobalt hydroxide composite for energy storage applications [J]. Materials Letters, 2020, 276: 128193.

[125] Iqbal W, Dong C, Xing M. Eco–friendly one–pot synthesis of well–adorned mesoporous g–C_3N_4 with efficiently enhanced visible light photocatalytic activity [J]. Catalysis Science & Technology, 2017, 7(8): 1726–1734.

[126] Li F, Tang M, Li T. Two–dimensional graphene/g–C_3N_4 in–plane hybrid heterostructure for enhanced photocatalytic activity with surface–adsorbed pollutants assistant [J]. Applied Catalysis B: Environmental, 2020, 268: 118397.

[127] Luo W, Chen X, Wei Z. Three–dimensional network structure assembled by g–C_3N_4 nanorods for improving visible–light photocatalytic performance [J]. Applied Catalysis B: Environmental, 2019, 255: 117761–117766.

[128] Adepu A K, Siliveri S, Chirra S. A novel porous Fe_3O_4/Titanosilicate/g−C_3N_4 ternary nanocomposites: synthesis, characterization and their enhanced photocatalytic activity on Rhodamine B degradation under sunlight irradiation [J]. Journal of Water Process Engineering, 2020, 34: 101141−101149.

[129] Wang H, Yuan X, Wu Y. Plasmonic Bi nanoparticles and BiOCl sheets as cocatalyst deposited on perovskite−type $ZnSn(OH)_6$ microparticle with facet−oriented polyhedron for improved visible−light−driven photocatalysis [J]. Applied Catalysis B: Environmental, 2017, 209: 543−553.

[130] Chen S, Zhao W, Liu W. Preparation, characterization and activity evaluation of p–n junction photocatalyst p−ZnO/n−TiO_2 [J]. Applied Surface Science, 2008, 255(5): 2478−2484.

[131] Lan M, Fan G, Yang L. Enhanced visible−light−induced photocatalytic performance of a novel ternary semiconductor coupling system based on hybrid Zn–In mixed metal oxide/g−C_3N_4 composites [J]. RSC Advances, 2015, 5(8): 5725−5734.

[132] Sundararajan M, Kennedy L J, Nithya P. Visible light driven photocatalytic degradation of rhodamine B using Mg doped cobalt ferrite spinel nanoparticles synthesized by microwave combustion method [J]. Journal of Physics and Chemistry of Solids, 2017, 108: 61−75.

[133] Savunthari K V, Shanmugam S. Effect of co−doping of bismuth, copper and cerium in zinc ferrite on the photocatalytic degradation of bisphenol A [J]. Journal of the Taiwan Institute of Chemical Engineers, 2019, 101: 105−118.

[134] Yamashita H, Harada M, Misaka J. Degradation of propanol diluted in water under visible light irradiation using metal ion−implanted titanium dioxide photocatalysts [J]. Journal of Photochemistry and Photobiology A: Chemistry, 2002, 148(1−3): 257−261.

[135] Xia H, Zhuang H, Zhang T. Visible−light−activated nanocomposite photocatalyst of Fe_2O_3/SnO_2 [J]. Materials Letters, 2008, 62(6−7): 1126−1128.

[136] Naik B, Martha S, Parida K M. Facile fabrication of $Bi_2O_3/TiO_{2-x}N_x$ nanocomposites for excellent visible light driven photocatalytic hydrogen evolution [J]. International Journal of Hydrogen Energy, 2011, 36(4): 2794−2802.

[137] Tan L, Xu J, Zhang X. Synthesis of g−C_3N_4/CeO_2 nanocomposites with improved catalytic activity on the thermal decomposition of ammonium perchlorate [J].

Applied Surface Science, 2015, 356, 447–453.

[138] Asahi R, Morikawa T, Ohwaki T. Visible–light photocatalysis in nitrogen–doped titanium oxides [J]. Science, 2001, 293 (5528): 269–271.

[139] 胡春，王怡中，汤鸿霄 . 多相光催化氧化的理论与实践发展 [J]. 环境科学进展，1995，1: 26–35.

[140] Serpone N. Is the band gap of pristine TiO_2 narrowed by anion–and cation–doping of titanium dioxide in second–generation photocatalysts? [J]. The Journal of Physical Chemistry B, 2006, 110 (48): 24287–24293.

[141] Zhou W, Yin Z, Du Y. Synthesis of few–layer MoS_2 nanosheet–coated TiO_2 nanobelt heterostructures for enhanced photocatalytic activities [J]. Small, 2013, 9 (1): 140–147.

[142] Dvoranová D, Brezová V, Mazúr M. Investigations of metal–doped titanium dioxide photocatalysts [J]. Applied Catalysis B: Environmental, 2002, 37 (2): 91–105.

[143] Enache D I, Edwards J K, Landon P. Solvent–free oxidation of primary alcohols to aldehydes using Au–Pd/TiO_2 catalysts [J]. Science, 2006, 311 (5759): 362–365.

[144] Chen M S, Goodman D W. The structure of catalytically active gold on titania [J]. Science, 2004, 306 (5694): 252–255.

[145] Siripala W, Ivanovskaya A, Jaramillo T F. A Cu_2O/TiO_2 heterojunction thin film cathode for photoelectrocatalysis [J]. Solar Energy Materials and Solar Cells, 2003, 77 (3): 229–237.

[146] 李芳柏，古国榜，李新军 . WO_3/TiO_2 纳米材料的制备及光催化性能 [J]. 物理化学学报，2000，11 : 997–1002.

[147] Zhou W, Liu H, Wang J. Ag_2O/TiO_2 nanobelts heterostructure with enhanced ultraviolet and visible photocatalytic activity [J]. ACS applied materials & interfaces, 2010, 2 (8): 2385–2392.

[148] 李二军，陈浪，章强 . 铋系半导体光催化材料 [J]. 化学进展，2010，22 (12): 2282–2289.

[149] Wang G, Wang H, Ling Y. Hydrogen–treated TiO_2 nanowire arrays for photoelectrochemical water splitting [J]. Nano letters, 2011, 11 (7): 3026–3033.

[150] Ye J, Liu W, Cai J. Nanoporous anatase TiO_2 mesocrystals: additive–free synthesis, remarkable crystalline–phase stability, and improved lithium insertion behavior [J]. Journal of the American Chemical Society, 2011, 133 (4): 933–940.

[151] Kasuga T, Hiramatsu M, Hoson A. Formation of titanium oxide nanotube [J]. Langmuir, 1998, 14 (12): 3160−3163.

[152] Yang H, Yang B, Chen W. Preparation and photocatalytic activities of TiO_2−based composite catalysts [J]. Catalysts, 2022, 12 (10): 1210−1263.

[153] Liang L, Meng Y, Shi L. Enhanced photocatalytic performance of novel visible light−driven Ag−TiO_2/SBA−15 photocatalyst [J]. Superlattices and Microstructures, 2014, 73: 60−70.

[154] Liao Q, Pan W, Zou D. Using of g−C_3N_4 nanosheets for the highly efficient scavenging of heavy metals at environmental relevant concentrations [J]. Journal of Molecular Liquids, 2018, 261: 32−40.

[155] 孙晓君，蔡伟民，井立强 . 二氧化钛半导体光催化技术研究进展 [J]. 哈尔滨工业大学学报，2001，4：534−541.

[156] Abbas M, Rasheed M. Solid state reaction synthesis and characterization of Cu doped TiO_2 nanomaterials [J]. Journal of Physics: Conference Series, 2021, 1795(1): 012059−012068.

[157] Xin G, Pan H, Chen D. Synthesis and photocatalytic activity of N−doped TiO_2 produced in a solid phase reaction [J]. Journal of Physics and Chemistry of Solids, 2013, 74 (2): 286−290.

[158] Liu Z S, Liu Z L, Liu J L. Enhanced photocatalytic performance of Er−doped $Bi_{24}O_{31}Br_{10}$：Facile synthesis and photocatalytic mechanism [J]. Materials Research Bulletin, 2016, 76: 256−263.

[159] Lopes F V, Monteiro R A, Silva A M. Insights into UV−TiO_2 photocatalytic degradation of PCE for air decontamination systems [J]. Chemical Engineering Journal, 2012, 204, 244−257.

[160] Mendoza J A, Lee D H, Kang J H. Photocatalytic removal of gaseous nitrogen oxides using WO_3/TiO_2 particles under visible light irradiation: Effect of surface modification [J]. Chemosphere, 2017, 182: 539−546.

[161] Mo J, Zhang Y, Xu Q. Effect of water vapor on the by−products and decomposition rate of ppb−level toluene by photocatalytic oxidation [J]. Applied Catalysis B: Environmental, 2013, 132: 212−218.

[162] 申玉芳，龙飞，邹正光 . 半导体光催化技术研究进展 [J]. 材料导报，2006，6：28−31.

[163] Nasr M, Balme S, Eid C. Enhanced visible-light photocatalytic performance of electrospun rGO/TiO_2 composite nanofibers [J]. The Journal of Physical Chemistry C, 2017, 121(1): 261-269.

[164] Yang H, Yang B, Chen W. Preparation and photocatalytic activities of TiO_2-based composite catalysts [J]. Catalysts, 2022, 12(10): 1210-1263.

[165] Yuan X, Liang S, Ke H. Photocatalytic property of polyester fabrics coated with Ag/TiO_2 composite films by magnetron sputtering [J]. Vacuum, 2020, 172: 109103.

[166] Wang Y, Li X, Liu Y. Preparation of TiO_2 Sol by Sol-gel Method [J]. Chinese Journal of Synthetic Chemistry, 2008, 16: 705-708.

[167] Liu S. Synthesis of TiO_2-gel by Sol-gel Method [J]. Shandong Chem. Ind, 2015, 20: 3-5.

[168] 闫世成，邹志刚. 高效光催化材料最新研究进展及挑战 [J]. 中国材料进展，2015，34(9)：652-658.

[169] Ahmad M, Mushtaq S, Al Qahtani H S. Investigation of TiO_2 nanoparticles synthesized by sol-gel method for effectual photodegradation, oxidation and reduction reaction [J]. Crystals, 2021, 11(12): 1456.

[170] Ni Q, Cheng H, Ma J. Efficient degradation of orange II by $ZnMn_2O_4$ in a novel photo-chemical catalysis system [J]. Frontiers of Chemical Science and Engineering, 2020, 14: 956-966.

[171] Pant B, Park M, Park S J. Recent advances in TiO_2 films prepared by sol-gel methods for photocatalytic degradation of organic pollutants and antibacterial activities [J]. Coatings, 2019, 9(10): 613.

[172] Pant B, Ojha G P, Kuk Y S. Synthesis and characterization of ZnO-TiO_2/carbon fiber composite with enhanced photocatalytic properties [J]. Nanomaterials, 2020, 10(10): 1960.

[173] Pham T D, Lee B K. Novel adsorption and photocatalytic oxidation for removal of gaseous toluene by V-doped TiO_2/PU under visible light [J]. Journal of hazardous materials, 2015, 300: 493-503.

[174] Pham T D, Lee B K. Selective removal of polar VOCs by novel photocatalytic activity of metals co-doped TiO_2/PU under visible light [J]. Chemical Engineering Journal, 2017, 307: 63-73.

[175] He Y, Yan Q, Chang X. Solvothermal synthesis of novel 3D peony-like TiO_2

microstructures and its enhanced photocatalytic activity [J]. Nano, 2018, 13 (5): 1850056−1850072.

[176] Yamashita H, Harada M, Tanii A. Preparation of efficient titanium oxide photocatalysts by an ionized cluster beam (ICB) method and their photocatalytic reactivities for the purification of water [J]. Catalysis Today, 2000, 63 (1): 63−69.

[177] Pizem H, Sukenik C N, Sampathkumaran U. Effects of substrate surface functionality on solution−deposited titania films [J]. Chemistry of materials, 2002, 14 (6): 2476−2485.

[178] Saravanan R, Gupta V K, Narayanan V. Comparative study on photocatalytic activity of ZnO prepared by different methods [J]. Journal of Molecular Liquids, 2013, 181: 133−141.

[179] Senthilraja A, Subash B, Krishnakumar B. Synthesis, characterization and catalytic activity of co−doped Ag–Au–ZnO for MB dye degradation under UV−A light [J]. Materials Science in Semiconductor Processing, 2014, 22: 83−91.

[180] Karbassi M, Zarrintaj P, Ghafarinazari A. Microemulsion−based synthesis of a visible−light−responsive Si−doped TiO_2 photocatalyst and its photodegradation efficiency potential [J]. Materials Chemistry and Physics, 2018, 220: 374−382.

[181] He W, Li N, Wang X. A cationic metal−organic framework based on {Zn4} cluster for rapid and selective adsorption of dyes [J]. Chinese Chemical Letters, 2018, 29 (6): 857−860.

[182] Yang Q, Wang B, Chen Y. An anionic In (III) −based metal−organic framework with Lewis basic sites for the selective adsorption and separation of organic cationic dyes [J]. Chinese Chemical Letters, 2019, 30 (1), 234−238.

[183] Chen Y, Ni D, Yang X. Microwave−assisted synthesis of honeycomblike hierarchical spherical Zn−doped Ni−MOF as a high−performance battery−type supercapacitor electrode material [J]. Electrochimica Acta, 2018, 278: 114−123.

[184] Vakili R, Xu S, Al−Janabi N. Microwave−assisted synthesis of zirconium−based metal organic frameworks (MOFs): Optimization and gas adsorption [J]. Microporous and Mesoporous Materials, 2018, 260: 45−53.

[185] Dang Y T, Hoang H T, Dong H C. Microwave−assisted synthesis of nano Hf−and Zr−based metal−organic frameworks for enhancement of curcumin adsorption [J]. Microporous and Mesoporous Materials, 2020, 298: 110064.

[186] Lee G J, Chien Y W, Anandan S. Fabrication of metal–doped BiOI/MOF composite photocatalysts with enhanced photocatalytic performance [J]. International Journal of Hydrogen Energy, 2021, 46(8): 5949–5962.

[187] Ma Z, Wu D, Han X. Ultrasonic assisted synthesis of Zn–Ni bi–metal MOFs for interconnected Ni–NC materials with enhanced electrochemical reduction of CO_2 [J]. Journal of CO_2 Utilization, 2019, 32: 251–258.

[188] Razavi S A, Masoomi M Y, Morsali A. Ultrasonic assisted synthesis of a tetrazine functionalized MOF and its application in colorimetric detection of phenylhydrazine [J]. Ultrasonics Sonochemistry, 2017, 37: 502–508.

[189] Zhang M, Jia J, Huang K. Facile electrochemical synthesis of nano iron porous coordination polymer using scrap iron for simultaneous and cost–effective removal of organic and inorganic arsenic [J]. Chinese Chemical Letters, 2018, 29(3): 456–460.

[190] Ali–Moussa H, Amador R N, Martinez J. Synthesis and post–synthetic modification of UiO–67 type metal–organic frameworks by mechanochemistry [J]. Materials Letters, 2017, 197: 171–174.

[191] Crawford D, Casaban J, Haydon R. Synthesis by extrusion: continuous, large–scale preparation of MOFs using little or no solvent [J]. Chemical Science, 2015, 6(3): 1645–1649.

[192] Paseta L, Potier G, Sorribas S. Solventless Synthesis of MOFs at High Pressure [J]. ACS Sustainable Chemistry & Engineering, 2016, 4(7): 3780–3785.

[193] Tanaka S, Sakamoto K, Inada H. Vapor–phase synthesis of ZIF–8 MOF thick film by conversion of ZnO nanorod array [J]. Langmuir, 2018, 34(24): 7028–7033.

[194] Zou D, Liu D. Understanding the modifications and applications of highly stable porous frameworks via UiO–66 [J]. Materials Today Chemistry, 2019, 12: 139–165.

[195] Cote A P, Benin A I, Ockwig N W. Porous, crystalline, covalent organic frameworks [J]. Science, 2005, 310(5751): 1166–1170.

[196] Niu W, Smith M D, Lavigne J J. Self–assembling poly(dioxaborole)s as blue–emissive materials [J]. Journal of the American Chemical Society, 2006, 128(51): 16466–16467.

[197] Periyasamy S, Viswanathan N. Hydrothermal synthesis of melamine–functionalized

covalent organic polymer–blended alginate beads for iron removal from water [J]. Journal of Chemical & Engineering Data, 2019, 64 (6): 2280–2291.

[198] Hu C, Zhang Z, Liu S. Monodispersed CuSe sensitized covalent organic framework photosensitizer with an enhanced photodynamic and photothermal effect for cancer therapy [J]. ACS applied Materials & Interfaces, 2019, 11 (26): 23072–23082.

[199] Yang Q, Peng P, Xiang Z. Covalent organic polymer modified TiO_2 nanosheets as highly efficient photocatalysts for hydrogen generation [J]. Chemical Engineering Science, 2017, 162: 33–40.

[200] Ding X, Guo J, Feng X. Synthesis of metallophthalocyanine covalent organic frameworks that exhibit high carrier mobility and photoconductivity [J]. Angewandte Chemie International Edition, 2011, 6 (50): 1289–1293.

[201] Uribe–Romo F J, Hunt J R, Furukawa H. A crystalline imine–linked 3–D porous covalent organic framework [J]. Journal of the American Chemical Society, 2009, 131 (13): 4570–4571.

[202] Spitler E L, Colson J W, Uribe–Romo F J. Lattice expansion of highly oriented 2D phthalocyanine covalent organic framework films [J]. Angewandte Chemie, 2012, 124 (11): 2677–2681.

[203] Dogru M, Sonnauer A, Gavryushin A. A covalent organic framework with 4 nm open pores [J]. Chemical Communications, 2011, 47 (6): 1707–1709.

[204] Chen G, Lan H H, Cai S L. Stable hydrazone–linked covalent organic frameworks containing O, N, O′–chelating sites for Fe (III) detection in water [J]. ACS Applied Materials & Interfaces, 2019, 11 (13): 12830–12837.

[205] Wang S, Chavez A D, Thomas S. Pathway complexity in the stacking of imine–linked macrocycles related to two–dimensional covalent organic frameworks [J]. Chemistry of Materials, 2019, 31 (17): 7104–7111.

[206] Liu W, Li X, Wang C. A scalable general synthetic approach toward ultrathin imine–linked two–dimensional covalent organic framework nanosheets for photocatalytic CO_2 reduction [J]. Journal of the American Chemical Society, 2019, 141 (43): 17431–17440.

[207] Afshari M, Dinari M. Synthesis of new imine–linked covalent organic framework as high efficient absorbent and monitoring the removal of direct fast scarlet 4BS textile dye based on mobile phone colorimetric platform [J]. Journal of Hazardous

Materials, 2020, 385: 121514.

[208] Ding S Y, Gao J, Wang Q. Construction of covalent organic framework for catalysis: Pd/COF–LZU1 in Suzuki–Miyaura coupling reaction [J]. Journal of the American Chemical Society, 2011, 133 (49): 19816–19822.

[209] Feng X, Chen L, Dong Y. Porphyrin–based two–dimensional covalent organic frameworks: synchronized synthetic control of macroscopic structures and pore parameters [J]. Chemical Communications, 2011, 47 (7): 1979–1981.

[210] Lanni L M, Tilford R W, Bharathy M. Enhanced hydrolytic stability of self–assembling alkylated two–dimensional covalent organic frameworks [J]. Journal of the American Chemical Society, 2011, 133 (35): 13975–13983.

[211] Campbell N L, Clowes R, Ritchie L K. Rapid microwave synthesis and purification of porous covalent organic frameworks [J]. Chemistry of Materials, 2009, 21 (2): 204–206.

[212] Stegbauer L, Schwinghammer K, Lotsch B V. A hydrazone–based covalent organic framework for photocatalytic hydrogen production [J]. Chemical Science, 2014, 5 (7): 2789–2793.

[213] Kappe C O. Controlled microwave heating in modern organic synthesis [J]. Angewandte Chemie International Edition, 2004, 43 (46): 6250–6284.

[214] Ren S, Bojdys M J, Dawson R. Porous, fluorescent, covalent triazine–based frameworks via room–temperature and microwave–assisted synthesis [J]. Advanced Materials, 2012, 24 (17): 2357–2361.

[215] Shinde D B, Aiyappa H B, Bhadra M. A mechanochemically synthesized covalent organic framework as a proton–conducting solid electrolyte [J]. Journal of Materials Chemistry A, 2016, 4 (7): 2682–2690.

[216] Elseman A M, Rashad M M, Hassan A M. Easily attainable, efficient solar cell with mass yield of nanorod single–crystalline organo–metal halide perovskite based on a ball milling technique [J]. ACS Sustainable Chemistry & Engineering, 2016, 4 (9): 4875–4886.

[217] Lyu H, Gao B, He F. Ball–milled carbon nanomaterials for energy and environmental applications [J]. ACS Sustainable Chemistry & Engineering, 2017, 5 (11): 9568–9585.

[218] Das G, Shinde D B, Kandambeth S. Mechanosynthesis of imine, β–ketoenamine, and

hydrogen-bonded imine-linked covalent organic frameworks using liquid-assisted grinding [J]. Chemical Communications, 2014, 50 (84): 12615-12618.

[219] Biswal B P, Chandra S, Kandambeth S. Mechanochemical synthesis of chemically stable isoreticular covalent organic frameworks [J]. Journal of the American Chemical Society, 2013, 135 (14): 5328-5331.

[220] Lv H, Zhao X, Niu H. Ball milling synthesis of covalent organic framework as a highly active photocatalyst for degradation of organic contaminants [J]. Journal of Hazardous Materials, 2019, 369: 494-502.

[221] Yang S T, Kim J, Cho H Y. Facile synthesis of covalent organic frameworks COF-1 and COF-5 by sonochemical method [J]. RSC Advances, 2012, 2 (27): 10179-10181.

[222] Yoo J, Cho S J, Jung G Y. COF-net on CNT-net as a molecularly designed, hierarchical porous chemical trap for polysulfides in lithium-sulfur batteries [J]. Nano Letters, 2016, 16 (5): 3292-3300.

[223] Kuhn P, Antonietti M, Thomas A. Porous, covalent triazine-based frameworks prepared by ionothermal synthesis [J]. Angewandte Chemie International Edition, 2008, 47 (18): 3450-3453.

[224] Bojdys M J, Jeromenok J, Thomas A. Rational extension of the family of layered, covalent, triazine-based frameworks with regular porosity [J]. Advanced Materials, 2010, 22 (19): 2202-2205.

[225] Kuecken S, Schmidt J, Zhi L. Conversion of amorphous polymer networks to covalent organic frameworks under ionothermal conditions: a facile synthesis route for covalent triazine frameworks [J]. Journal of Materials Chemistry A, 2015, 3 (48): 24422-24427.

[226] El-Kaderi H M, Hunt J R, Mendoza-Cortés J L. Designed synthesis of 3D covalent organic frameworks [J]. Science, 2007, 316 (5822): 268-272.

[227] Xiao Z, Zhou Y, Xin X. Iron (III) porphyrin-based porous material as photocatalyst for highly efficient and selective degradation of congo red [J]. Macromolecular Chemistry and Physics, 2016, 217 (4): 599-604.

[228] Bi J, Fang W, Li L. Covalent triazine-based frameworks as visible light photocatalysts for the splitting of water [J]. Macromolecular Rapid Communications, 2015, 36 (20): 1799-1805.

[229] Bai Y, Wilbraham L, Slater B J. Accelerated discovery of organic polymer photocatalysts for hydrogen evolution from water through the integration of experiment and theory [J]. Journal of the American Chemical Society, 2019, 141 (22): 9063−9071.

[230] Lingamdinne L P, Koduru J R, Karri R R. A comprehensive review of applications of magnetic graphene oxide based nanocomposites for sustainable water purification [J]. Journal of Environmental Management, 2019, 231: 622−634.

[231] Jose P P A, Kala M S, Kalarikkal N. Silver−attached reduced graphene oxide nanocomposite as an eco−friendly photocatalyst for organic dye degradation [J]. Research on Chemical Intermediates, 2018, 44 (9): 5597−5621.

[232] Nawaz M, Miran W, Jang J. One−step hydrothermal synthesis of porous 3D reduced graphene oxide/TiO_2 aerogel for carbamazepine photodegradation in aqueous solution [J]. Applied Catalysis B: Environmental, 2017, 203: 85−95.

[233] Adeyanju C A, Ogunniyi S, Selvasembian R. Recent advances on the aqueous phase adsorption of carbamazepine [J]. ChemBioEng Reviews, 2022, 9 (3): 231−247.

[234] Zhang Z, Sun L, Wu Z. Facile hydrothermal synthesis of CuO−Cu_2O/GO nanocomposites for the photocatalytic degradation of organic dye and tetracycline pollutants [J]. New Journal of Chemistry, 2020, 44 (16): 6420−6427.

[235] Pant B, Park M, Park S J. Hydrothermal synthesis of Ag_2CO_3−TiO_2 loaded reduced graphene oxide nanocomposites with highly efficient photocatalytic activity [J]. Chemical Engineering Communications, 2020, 207 (5): 688−695.

[236] Lee M, Balasingam S K, Jeong H Y. One−step hydrothermal synthesis of graphene decorated V_2O_5 nanobelts for enhanced electrochemical energy storage [J]. Scientific Reports, 2015, 5 (1): 1−8.

[237] Yuan R, Wen H, Zeng L. Supercritical CO_2 assisted solvothermal preparation of CoO/graphene nanocomposites for high performance lithium−ion batteries [J]. Nanomaterials, 2021, 11 (3): 694.

[238] Chin S J, Doherty M, Vempati S. Solvothermal synthesis of graphene oxide and its composites with poly (ε−caprolactone) [J]. Nanoscale, 2019, 11 (40): 18672−18682.

[239] Yuan W, Gu Y, Li L. Green synthesis of graphene/Ag nanocomposites [J]. Applied Surface Science, 2012, 261: 753−758.

[240] Lin−jun H, Yan−xin W, Jian−guo T. Synthesis of graphene/metal nanocomposite

film with good dispersibility via solvothermal method [J]. International Journal of Electrochemical Science, 2012, 7(11): 11068−11075.

[241] Panagos P, Borrelli P, Meusburger K. Global rainfall erosivity assessment based on high−temporal resolution rainfall records[J]. Scientific Reports, 2017, 7(1): 1−12.

[242] Pu S, Xue S, Yang Z. In situ co−precipitation preparation of a superparamagnetic graphene oxide/Fe_3O_4 nanocomposite as an adsorbent for wastewater purification: synthesis, characterization, kinetics, and isotherm studies [J]. Environmental Science and Pollution Research, 2018, 25: 17310−17320.

[243] Suneetha R B, Selvi P, Vedhi C. Synthesis, structural and electrochemical characterization of Zn doped iron oxide/grapheneoxide/chitosan nanocomposite for supercapacitor application [J]. Vacuum, 2019, 164: 396−404.

[244] Zeng X, Teng J, Yu J G. Fabrication of homogeneously dispersed graphene/Al composites by solution mixing and powder metallurgy [J]. International Journal of Minerals, Metallurgy, and Materials, 2018, 25: 102−109.

[245] Nawaz M, Moztahida M, Kim J. Photodegradation of microcystin−LR using graphene−TiO_2/sodium alginate aerogels [J]. Carbohydrate Polymers, 2018, 199: 109−118.

[246] Galpaya D, Wang M, George G. Preparation of graphene oxide/epoxy nanocomposites with significantly improved mechanical properties [J]. Journal of Applied Physics, 2014, 116(5).

[247] Prabhu S, Megala S, Harish S. Enhanced photocatalytic activities of ZnO dumbbell/ reduced graphene oxide nanocomposites for degradation of organic pollutants via efficient charge separation pathway [J]. Applied Surface Science, 2019, 487, 1279−1288.

[248] Afzal H M, Mitu S S I, Al−Harthi M A. Microwave radiations effect on electrical and mechanical properties of poly(vinyl alcohol) and PVA/graphene nanocomposites [J]. Surfaces and Interfaces, 2018, 13: 65−78.

[249] Liu P, Yao Z, Zhou J. Preparation of reduced graphene oxide/$Ni_{0.4}Zn_{0.4}Co_{0.2}Fe_2O_4$ nanocomposites and their excellent microwave absorption properties [J]. Ceramics International, 2015, 41(10): 13409−13416.

[250] Varghese S P, Babu B, Prasannachandran R. Enhanced electrochemical properties of Mn_3O_4/graphene nanocomposite as efficient anode material for lithium ion batteries [J].

Journal of Alloys and Compounds, 2019, 780: 588–596.

[251] Ab Latif F E, Numan A, Mubarak N M. Evolution of MXene and its 2D heterostructure in electrochemical sensor applications [J]. Coordination Chemistry Reviews, 2022, 471: 214755.

[252] Sun W, Shah S A, Chen Y. Electrochemical etching of Ti_2AlC to Ti_2CT_x (MXene) in low–concentration hydrochloric acid solution [J]. Journal of Materials Chemistry A, 2017, 5 (41): 21663–21668.

[253] Yang S, Zhang P, Wang F. Fluoride–free synthesis of two–dimensional titanium carbide (MXene) using a binary aqueous system [J]. Angewandte Chemie, 2018, 130 (47): 15717–15721.

[254] Pang S Y, Wong Y T, Yuan S. Universal strategy for HF–free facile and rapid synthesis of two–dimensional MXenes as multifunctional energy materials [J]. Journal of the American Chemical Society, 2019, 141 (24): 9610–9616.

[255] Mei J, Ayoko G A, Hu C. Two–dimensional fluorine–free mesoporous Mo_2C MXene via UV–induced selective etching of Mo_2Ga_2C for energy storage [J]. Sustainable Materials and Technologies, 2020, 25: e00156.

[256] Mei J, Ayoko G A, Hu C. Thermal reduction of sulfur–containing MAX phase for MXene production [J]. Chemical Engineering Journal, 2020, 395: 125111.

[257] Ochiai T, Hoshi T, Slimen H. Fabrication of a TiO_2 nanoparticles impregnated titanium mesh filter and its application for environmental purification [J]. Catalysis Science & Technology, 2011, 1 (8): 1324–1327.

[258] Ochiai T, Iizuka Y, Nakata K. Efficient decomposition of perfluorocarboxylic acids in aqueous suspensions of a TiO_2 photocatalyst with medium–pressure ultraviolet lamp irradiation under atmospheric pressure [J]. Industrial & Engineering Chemistry Research, 2011, 50 (19): 10943–10947.

[259] 宗旭，杨波，白希尧 . 臭氧的应用与进展 [J]. 化工时刊，2002，12: 11–14.

[260] Ochiai T, Niitsu Y, Kobayashi G. Compact and effective photocatalytic air–purification unit by using of mercury–free excimer lamps with TiO_2 coated titanium mesh filter[J]. Catalysis Science & Technology, 2011, 1 (8): 1328–1330.

[261] 张林生，蒋岚岚 . 染料废水的脱色方法 [J]. 化工环保，2000，1 : 14–18.

[262] Howland, M. A. Methylene blue. History of Modern Clinical Toxicology [M]. NenYork: Academic Press, 2022: 231–241.

［263］Ramsay R R, Dunford C, Gillman P K. Methylene blue and serotonin toxicity: inhibition of monoamine oxidase A（MAO A）confirms a theoretical prediction［J］. British Journal of Pharmacology, 2007, 152（6）: 946–951.

［264］Wagner S J, Skripchenko A, Robinette D. Factors affecting virus photoinactivation by a series of phenothiazine dyes［J］. Photochemistry and Photobiology, 1998, 67（3）: 343–349.

［265］Frankenburg F R, Baldessarini R J. Neurosyphilis, malaria, and the discovery of antipsychotic agents［J］. Harvard Review of Psychiatry, 2008, 16（5）: 299–307.

［266］章丹，徐斌，朱培娟 .TiO_2 光催化降解亚甲基蓝机理的研究［J］. 华东师范大学学报（自然科学版），2013，5：35–42.

［267］Cui C, Guo R, Xiao H. Bi_2WO_6/Nb_2CT_x MXene hybrid nanosheets with enhanced visible–light–driven photocatalytic activity for organic pollutants degradation［J］. Applied Surface Science, 2020, 505: 144595.

［268］Peng C, Wang H, Yu H,（111）TiO_2–x/Ti_3C_2: Synergy of active facets, interfacial charge transfer and Ti^{3+} for enhance photocatalytic activity［J］. Materials Research Bulletin, 2017, 89: 16–25.

［269］Liu Q, Tan X, Wang S. MXene as a non–metal charge mediator in 2D layered CdS@Ti_3C_2@TiO_2 composites with superior Z–scheme visible light–driven photocatalytic activity［J］. Environmental Science: Nano, 2019, 6（10）: 3158–3169.

［270］Dehn W M, McBride L. Studies of the chromoisomerism of methyl orange［J］. Journal of the American Chemical Society, 1917, 39（7）: 1348–1377.

［271］方世杰，徐明霞，黄卫友 . 纳米 TiO_2 光催化降解甲基橙［J］. 硅酸盐学报，2001，5：439–442.

［272］Carolin C F, Kumar P S, Joshiba G J. Sustainable approach to decolourize methyl orange dye from aqueous solution using novel bacterial strain and its metabolites characterization［J］. Clean Technologies and Environmental Policy, 2021, 23: 173–181.

［273］Lü X F, Ma H R, Zhang Q. Degradation of methyl orange by UV, O_3 and UV/O_3 systems: analysis of the degradation effects and mineralization mechanism［J］. Research on Chemical Intermediates, 2013, 39: 4189–4203.

［274］Karri R R, Tanzifi M, Yaraki M T. Optimization and modeling of methyl orange adsorption onto polyaniline nano–adsorbent through response surface methodology and differential evolution embedded neural network [J]. Journal of Environmental Management, 2018, 223: 517–529.

[275] Bangari R S, Yadav A, Sinha N. Experimental and theoretical investigations of methyl orange adsorption using boron nitride nanosheets [J]. Soft Matter, 2021, 17 (9): 2640–2651.

[276] 崔鹏，范益群，徐南平 . TiO_2 负载膜的制备、表征及光催化性能[J]. 催化学报，2000，5：494–496.

[277] Peng C, Yang X, Li Y. Hybrids of two-dimensional Ti_3C_2 and TiO_2 exposing {001} facets toward enhanced photocatalytic activity [J]. ACS Applied Materials & Interfaces, 2016, 8 (9): 6051–6060.

[278] Brantom P G. Review of the toxicology of a number of dyes illegally present in food in the EU [J]. EFSA J, 2005, 263: 1–71.

[279] Lu Q, Gao W, Du J. Discovery of environmental rhodamine B contamination in paprika during the vegetation process [J]. Journal of Agricultural and Food Chemistry, 2012, 60 (19): 4773–4778.

[280] Hamdaoui O. Intensification of the sorption of Rhodamine B from aqueous phase by loquat seeds using ultrasound [J]. Desalination, 2011, 271 (1–3): 279–286.

[281] Imam S S, Babamale H F. A short review on the removal of rhodamine B dye using agricultural waste-based adsorbents [J]. Asian J. Chem. Sci, 2020, 7 (1): 25–37.

[282] Wu Z, Liang Y, Yuan X. MXene Ti3C2 derived Z-scheme photocatalyst of graphene layers anchored TiO2/g-C3N4 for visible light photocatalytic degradation of refractory organic pollutants [J]. Chemical Engineering Journal, 2020, 394: 124921.

[283] Ding X, Li Y, Li C. 2D visible-light-driven TiO_2@ $Ti_3C_2/g-C_3N_4$ ternary heterostructure for high photocatalytic activity [J]. Journal of Materials Science, 2019, 54 (13): 9385–9396.

[284] Othman Z, Sinopoli A, Mackey H R. Efficient photocatalytic degradation of organic dyes by AgNPs/TiO_2/Ti_3C_2Tx MXene composites under UV and solar light [J]. ACS Omega, 2021, 6 (49): 33325–33338.

[285] Thirumal V, Yuvakkumar R, Kumar P S. Facile single-step synthesis of MXene@ CNTs hybrid nanocomposite by CVD method to remove hazardous pollutants [J]. Chemosphere, 2022, 286: 131733.

[286] Steensma D P. “Congo” red: out of Africa? [J]. Archives of Pathology & Laboratory

Medicine, 2001, 125(2): 250–252.
[287] Liu J, Wang N, Zhang H. Adsorption of Congo red dye on $Fe_xCo_{3-x}O_4$ nanoparticles [J]. Journal of Environmental Management, 2019, 238: 473–483.
[288] Frid P, Anisimov S V, Popovic N. Congo red and protein aggregation in neurodegenerative diseases [J]. Brain Research Reviews, 2007, 53(1): 135–160.
[289] 陈益宾，王绪绪，付贤智. 偶氮染料刚果红在水中的光催化降解过程[J]. 催化学报，2005，1：37–42.
[290] Ayed L, Mahdhi A, Cheref A. Decolorization and degradation of azo dye Methyl Red by an isolated Sphingomonas paucimobilis: biotoxicity and metabolites characterization [J]. Desalination, 2011, 274(1–3): 272–277.
[291] 钱斯文，王智宇，王民权. La^{3+} 掺杂对纳米 TiO_2 微观结构及光催化性能的影响[J]. 材料科学与工程学报，2003，1：48–52.
[292] Iqbal M A, Ali S I, Amin F. La–and Mn–codoped Bismuth Ferrite/Ti_3C_2 MXene composites for efficient photocatalytic degradation of Congo Red dye [J]. ACS Omega, 2019, 4(5): 8661–8668.
[293] Sajid M M, Khan S B, Javed Y. Bismuth vanadate/MXene ($BiVO_4$/Ti_3C_2) heterojunction composite: enhanced interfacial control charge transfer for highly efficient visible light photocatalytic activity [J]. Environmental Science and Pollution Research, 2021, 28: 35911–35923.
[294] 黄益宗，郝晓伟，雷鸣. 重金属污染土壤修复技术及其修复实践[J]. 农业环境科学学报，2013，32(3)：409–417.
[295] Huang Q, Liu Y, Cai T. Simultaneous removal of heavy metal ions and organic pollutant by BiOBr/Ti_3C_2 nanocomposite [J]. Journal of Photochemistry and Photobiology A: Chemistry, 2019, 375: 201–208.
[296] Zhao D, Cai C. Preparation of Bi_2MoO_6/Ti_3C_2 MXene heterojunction photocatalysts for fast tetracycline degradation and Cr(vi) reduction [J]. Inorganic Chemistry Frontiers, 2020, 7(15): 2799–2808.
[297] Sun B, Tao F, Huang Z. Ti_3C_2 MXene–bridged Ag/Ag_3PO_4 hybrids toward enhanced visible–light–driven photocatalytic activity [J]. Applied Surface Science, 2021, 535: 147354.
[298] Yu K, Jiang P, Wei J. Enhanced uranium photoreduction on $Ti_3C_2T_x$ MXene by modulation of surface functional groups and deposition of plasmonic metal

nanoparticles [J]. Journal of Hazardous Materials, 2022, 426: 127823.

[299] Li S, Wang Y, Wang J. Modifying g−C_3N_4 with oxidized Ti_3C_2 MXene for boosting photocatalytic U (VI) reduction performance [J]. Journal of Molecular Liquids, 2022, 346: 117937.

[300] 任南琪，周显娇，郭婉茜 . 染料废水处理技术研究进展 [J]. 化工学报，2013，64 (1)：84−94.

[301] Chen D M, Zheng Y P, Shi D Y. An acid−base resistant polyoxometalate−based metal−organic framework constructed from $\{Cu_4Cl\}^{7+}$ and $\{Cu_2(CO_2)_4\}$ clusters for photocatalytic degradation of organic dye [J]. Journal of Solid State Chemistry, 2020, 287: 121384.

[302] Mahmoodi N M, Abdi J. Nanoporous metal−organic framework (MOF−199) : Synthesis, characterization and photocatalytic degradation of Basic Blue 41 [J]. Microchemical Journal, 2019, 144: 436−442.

[303] Gao Y, Li S, Li Y. Accelerated photocatalytic degradation of organic pollutant over metal−organic framework MIL−53 (Fe) under visible LED light mediated by persulfate [J]. Applied Catalysis B: Environmental, 2017, 202: 165−174.

[304] Zhang X, Wang J, Dong X X. Functionalized metal−organic frameworks for photocatalytic degradation of organic pollutants in environment [J]. Chemosphere, 2020, 242: 125144.

[305] Tuncel D, Ökte A N. Efficient photoactivity of TiO_2−hybrid−porous nanocomposite: Effect of humidity [J]. Applied Surface Science, 2018, 458: 546−554.

[306] 戎晓丹，郭少青，赵亮富 . 铜基金属有机框架 (Cu−MOF) 催化芴液相氧化性能的研究 [J]. 现代化工，2018，38 (11)：144−147.

[307] Xue C, Zhang F, Chang Q. MIL−125 and NH_2−MIL−125 modified TiO_2 nanotube array as efficient photocatalysts for pollute degradation [J]. Chemistry Letters, 2018, 47 (6): 711−714.

[308] Li L, Yu X, Xu L. Fabrication of a novel type visible−light−driven heterojunction photocatalyst: Metal−porphyrinic metal organic framework coupled with PW_{12}/TiO_2 [J]. Chemical Engineering Journal, 2020, 386: 123955.

[309] Shen L, Wu W, Liang R. Highly dispersed palladium nanoparticles anchored on UiO−66 (NH_2) metal−organic framework as a reusable and dual functional visible−light−driven photocatalyst [J]. Nanoscale, 2013, 5 (19): 9374−9382.

［310］Armaghan M, Shang X J, Yuan Y Q. Metal–Organic Frameworks via Emissive Metal–Carboxylate Zwitterion Intermediates［J］. ChemPlusChem, 2025, 80（8）: 1231–1234.

［311］Tong Y Y, Li Y F, Sun L. The prominent photocatalytic activity with the charge transfer in the organic ligand for［Zn_4O（BDC）$_3$］MOF–5 decorated Ag_3PO_4 hybrids［J］. Separation and Purification Technology, 2020, 250: 117142.

［312］李淑蓉，王琳，陈玉贞．金属－有机框架材料在液相催化化学制氢中的研究进展［J］．高等学校化学学报，2022，43（1）：70–83.

［313］Yang C, You X, Cheng J. A novel visible–light–driven In–based MOF/graphene oxide composite photocatalyst with enhanced photocatalytic activity toward the degradation of amoxicillin［J］. Applied Catalysis B: Environmental, 2017, 200: 673–680.

［314］Guo D, Wen R, Liu M. Facile fabrication of g–C_3N_4/MIL–53（Al）composite with enhanced photocatalytic activities under visible–light irradiation［J］. Applied Organometallic Chemistry, 2015, 29（10）: 690–697.

［315］Zhang X, Yang Y, Huang W. g–C_3N_4/UiO–66 nanohybrids with enhanced photocatalytic activities for the oxidation of dye under visible light irradiation［J］. Materials Research Bulletin, 2018, 99: 349–358.

［316］Shao Z, Zhang D, Li H. Fabrication of MIL–88A/g–C_3N_4 direct Z–scheme heterojunction with enhanced visible–light photocatalytic activity［J］. Separation and Purification Technology, 2019, 220: 16–24.

［317］Hutton G A, Martindale B C, Reisner E. Carbon dots as photosensitisers for solar–driven catalysis［J］. Chemical Society Reviews, 2017, 46（20）: 6111–6123.

［318］Shao L, Yu Z, Li X. Carbon nanodots anchored onto the metal–organic framework NH_2–MIL–88B（Fe）as a novel visible light–driven photocatalyst: Photocatalytic performance and mechanism investigation［J］. Applied Surface Science, 2020, 505: 144616.

［319］李婷，唐吉龙，方芳．碳量子点的合成、性质及其应用［J］．功能材料，2015，46（9）：9012–9018.

［320］Wang Q, Wang G, Liang X. Supporting carbon quantum dots on NH_2–MIL–125 for enhanced photocatalytic degradation of organic pollutants under a broad spectrum irradiation［J］. Applied Surface Science, 2019, 467: 320–327.

[321] He S, Rong Q, Niu H. Platform for molecular-material dual regulation: A direct Z-scheme MOF/COF heterojunction with enhanced visible-light photocatalytic activity [J]. Applied Catalysis B: Environmental, 2019, 247, 49-56.

[322] Daughton G, Ternes A. Pharmaceuticals and personal care products in the environment: agents of subtle change [J]. Environmental Health Perspectives, 1999, 107(suppl 6): 907-938.

[323] 胡洪营，王超，郭美婷．药品和个人护理用品（PPCPs）对环境的污染现状与研究进展 [J]. 生态环境，2005，6：947-952.

[324] 周启星，罗义，王美娥．抗生素的环境残留、生态毒性及抗性基因污染 [J]. 生态毒理学报，2007，3：243-251.

[325] 王冉，刘铁铮，王恬．抗生素在环境中的转归及其生态毒性 [J]. 生态学报，2006，1：265-270.

[326] Chen J, Sun P, Zhang Y. Multiple roles of Cu (II) in catalyzing hydrolysis and oxidation of β-lactam antibiotics [J]. Environmental Science & Technology, 2016, 50(22): 12156-12165.

[327] Askari N, Beheshti M, Mowla D. Fabrication of $CuWO_4/Bi_2S_3/ZIF_{67}$ MOF: a novel double Z-scheme ternary heterostructure for boosting visible-light photodegradation of antibiotics [J]. Chemosphere, 2020, 251: 126453.

[328] 李伟明，鲍艳宇，周启星．四环素类抗生素降解途径及其主要降解产物研究进展 [J]. 应用生态学报，2012，23(8)：2300-2308.

[329] Wang D, Jia F, Wang H. Simultaneously efficient adsorption and photocatalytic degradation of tetracycline by Fe-based MOFs [J]. Journal of Colloid and Interface Science, 2018, 519: 273-284.

[330] Lei X, Wang J, Shi Y. Constructing novel red phosphorus decorated iron-based metal organic framework composite with efficient photocatalytic performance [J]. Applied Surface Science, 2020, 528: 146963.

[331] 徐维海，张干，邹世春．典型抗生素类药物在城市污水处理厂中的含量水平及其行为特征 [J]. 环境科学．2007，8：1779-1783.

[332] Lv S, Liu J, Zhao N. Benzothiadiazole functionalized Co-doped MIL-53-NH_2 with electron deficient units for enhanced photocatalytic degradation of bisphenol A and ofloxacin under visible light [J]. Journal of Hazardous Materials, 2020, 387: 122011.

［333］魏秋华，狄梅，祈燕伟．中国抗菌抑菌个人清洁护理产品现状和展望［J］．中国消毒学杂志，2016，33（5）：475-477.

［334］Bariki R, Majhi D, Das K. Facile synthesis and photocatalytic efficacy of UiO-66/$CdIn_2S_4$ nanocomposites with flowerlike 3D-microspheres towards aqueous phase decontamination of triclosan and H_2 evolution［J］. Applied Catalysis B: Environmental, 2020, 270: 118882.

［335］Lv W, Liu M, Li Y. Two novel MOFs@COFs hybrid-based photocatalytic platforms coupling with sulfate radical-involved advanced oxidation processes for enhanced degradation of bisphenol A［J］. Chemosphere, 2020, 24: 125378.

［336］Tang Y, Yin X, Mu M. Anatase TiO_2@ MIL-101（Cr）nanocomposite for photocatalytic degradation of bisphenol A［J］. Colloids and Surfaces A: Physicochemical and Engineering Aspects, 2020, 596: 124745.

［337］Tang Q, Sun Z, Deng S. Decorating g-C_3N_4 with alkalinized Ti_3C_2 MXene for promoted photocatalytic CO_2 reduction performance［J］. Journal of Colloid and Interface Science, 2020, 564: 406-417.

［338］Wang H, Tang Q, Wu Z. Construction of few-layer Ti_3C_2 MXene and boron-doped g-C_3N_4 for enhanced photocatalytic CO_2 reduction［J］. ACS Sustainable Chemistry & Engineering, 2021, 9（25）: 8425-8434.

［339］Khan A, Tahir M, Zakaria Y. Synergistic effect of anatase/rutile TiO_2 with exfoliated Ti_3C_2TR MXene multilayers composite for enhanced CO_2 photoreduction via dry and bi-reforming of methane under UV-visible light［J］. Journal of Environmental Chemical Engineering, 2021, 9（3）: 105244.

［340］Wang X, Maeda K, Thomas A. A metal-free polymeric photocatalyst for hydrogen production from water under visible light［J］. Nature Materials, 2009, 8（1）: 76-80.

［341］Nasir J, Islam N, Rehman Z. Co and Ni assisted CdS@ g-C_3N_4 nanohybrid: A photocatalytic system for efficient hydrogen evolution reaction［J］. Materials Chemistry and Physics, 2021, 259: 124140.

［342］Zhang S, Xu D, Chen X. Construction of ultrathin 2D/2D g-C_3N_4/In_2Se_3 heterojunctions with high-speed charge transfer nanochannels for promoting photocatalytic hydrogen production［J］. Applied Surface Science, 2020, 528: 146858.

［343］Ran J, Guo W, Wang H. Metal–free 2D/2D phosphorene/g–C_3N_4 Van der Waals heterojunction for highly enhanced visible–light photocatalytic H_2 production［J］. Advanced Materials, 2018, 30（25）: 1800128.

［344］Li Y, Zhu S, Kong X. In situ synthesis of a novel Mn_3O_4/g–C_3N_4 pn heterostructure photocatalyst for water splitting［J］. Journal of Colloid and Interface Science, 2021, 586, 778–784.

［345］Liu X, Zhang L, Li Y. A novel heterostructure coupling MOF–derived fluffy porous indium oxide with g–C_3N_4 for enhanced photocatalytic activity［J］. Materials Research Bulletin, 2021, 133: 111078.

［346］Liu E, Chen J, Ma Y. Fabrication of 2D SnS_2/g–C_3N_4 heterojunction with enhanced H_2 evolution during photocatalytic water splitting［J］. Journal of Colloid and Interface Science, 2018, 524: 313–324.

［347］Guo F, Shi W, Zhu C. CoO and g–C_3N_4 complement each other for highly efficient overall water splitting under visible light［J］. Applied Catalysis B: Environmental, 2018, 226: 412–420.

［348］Shen R, Xie J, Lu X. Bifunctional Cu_3P decorated g–C_3N_4 nanosheets as a highly active and robust visible–light photocatalyst for H_2 production［J］. ACS Sustainable Chemistry & Engineering, 2018, 6（3）: 4026–4036.

［349］Xiang Q, Yu J, Jaroniec M. Preparation and enhanced visible–light photocatalytic H_2–production activity of graphene/C_3N_4 composites［J］. The Journal of Physical Chemistry C, 2011, 115（15）: 7355–7363.

［350］Christoforidis K, Syrgiannis Z, La V. Metal–free dual–phase full organic carbon nanotubes/g–C_3N_4 heteroarchitectures for photocatalytic hydrogen production［J］. Nano Energy, 2018, 50: 468–478.

［351］Di T, Xu Q, Ho W. Review on metal sulphide–based Z–scheme photocatalysts［J］. ChemCatChem, 2019, 11（5）: 1394–1411.

［352］李彦，张庆敏，黄福志．模板法制备硫化物半导体纳米材料［J］. 无机化学学报，2002，1：79–82.

［353］Cheng L, Xiang Q, Liao Y. CdS–based photocatalysts［J］. Energy & Environmental Science, 2018, 11（6）: 1362–1391.

［354］Wang J, Sun S, Zhou R. A review: Synthesis, modification and photocatalytic applications of $ZnIn_2S_4$［J］. Journal of Materials Science & Technology, 2021, 78:

1–19.

[355] Yu H, Chen F, Chen F. In situ self–transformation synthesis of g–C_3N_4–modified CdS heterostructure with enhanced photocatalytic activity [J]. Applied Surface Science, 2015, 358: 385–392.

[356] Hu T, Dai K, Zhang J. Noble–metal–free Ni_2P modified step–scheme $SnNb_2O_6$/CdS–diethylenetriamine for photocatalytic hydrogen production under broadband light irradiation [J]. Applied Catalysis B: Environmental, 2020, 269: 118844.

[357] Yang M, Wang K, Li Y. Pristine hexagonal CdS assembled with NiV LDH nanosheet formed pn heterojunction for efficient photocatalytic hydrogen evolution [J]. Applied Surface Science, 2021, 548: 149212.

[358] Kai S, Xi B, Wang Y. One–Pot Synthesis of Size–Controllable Core–Shell CdS and Derived CdS@ ZnxCd1-xS Structures for Photocatalytic Hydrogen Production [J]. Chemistry–A European Journal, 2017, 23(65): 16653–16659.

[359] Kai S, Xi B, Liu X. An innovative Au–CdS/ZnS–RGO architecture for efficient photocatalytic hydrogen evolution [J]. Journal of Materials Chemistry A, 2018, 6(7): 2895–2899.

[360] Lei Z, You W, Liu M. Photocatalytic water reduction under visible light on a novel $ZnIn_2S_4$ catalyst synthesized by hydrothermal method [J]. Chemical Communications, 2003(17): 2142–2143.

[361] Guo X, Peng Y, Liu G. An efficient $ZnIn_2S_4$@ $CuInS_2$ core–shell p–n heterojunction to boost visible–light photocatalytic hydrogen evolution [J]. The Journal of Physical Chemistry C, 2020, 124(11): 5934–5943.

[362] Guan Z, Xu Z, Li Q. $AgIn_5S_8$ nanoparticles anchored on 2D layered $ZnIn_2S_4$ to form 0D/2D heterojunction for enhanced visible–light photocatalytic hydrogen evolution [J]. Applied Catalysis B: Environmental, 2018, 227: 512–518.

[363] Hu J, Chen C, Zheng Y. Spatially separating redox centers on Z–Scheme $ZnIn_2S_4$/BiVO hierarchical heterostructure for highly efficient photocatalytic hydrogen evolution [J]. Small, 2020, 16(37): 2002988.

[364] Yang Z, Shao L, Wang L. Boosted photogenerated carriers separation in Z–scheme Cu_3P/$ZnIn_2S_4$ heterojunction photocatalyst for highly efficient H_2 evolution under visible light [J]. International Journal of Hydrogen Energy, 2020, 45(28): 14334–14346.

[365] Zhang Z, Huang L, Zhang J. In situ constructing interfacial contact $MoS_2/ZnIn_2S_4$ heterostructure for enhancing solar photocatalytic hydrogen evolution [J]. Applied Catalysis B: Environmental, 2018, 233: 112–119.

[366] Ding N, Zhang L, Zhang H. Microwave–assisted synthesis of $ZnIn_2S_4/g-C_3N_4$ heterojunction photocatalysts for efficient visible light photocatalytic hydrogen evolution [J]. Catalysis Communications, 2017, 100: 173–177.

[367] Guan Z, Pan J, Li Q. Boosting visible–light photocatalytic hydrogen evolution with an efficient $CuInS_2/ZnIn_2S_4$ 2D/2D heterojunction [J]. ACS Sustainable Chemistry & Engineering, 2019, 7 (8): 7736–7742.

[368] Zeng D, Xiao L, Ong J. Hierarchical $ZnIn_2S_4/MoSe_2$ nanoarchitectures for efficient noble–metal–free photocatalytic hydrogen evolution under visible light [J]. ChemSusChem, 2017, 10 (22): 4624–4631.

[369] Chai B, Peng T, Zeng P. Preparation of a MWCNTs/$ZnIn_2S_4$ composite and its enhanced photocatalytic hydrogen production under visible–light irradiation [J]. Dalton Transactions, 2012, 41 (4): 1179–1186.

[370] Zhang H, Dong Y, Zhao S. Photochemical preparation of atomically dispersed nickel on cadmium sulfide for superior photocatalytic hydrogen evolution [J]. Applied Catalysis B: Environmental, 2020, 261: 118233.

[371] Lee C, Li M, Ao H. Investigation of indoor air quality at residential homes in Hong Kong—case study [J]. Atmospheric Environment, 2002, 36 (2): 225–237.

[372] Chen R, Zhao A, Chen H. Cardiopulmonary benefits of reducing indoor particles of outdoor origin: a randomized, double–blind crossover trial of air purifiers [J]. Journal of the American College of Cardiology, 2015, 65 (21): 2279–2287.

[373] Marć M, Tobiszewski M, Zabiegała B. Current air quality analytics and monitoring: A review [J]. Analytica Chimica Acta, 2015, 853: 116–126.

[374] Durmusoglu E, Taspinar F, Karademir A. Health risk assessment of BTEX emissions in the landfill environment [J]. Journal of Hazardous Materials, 2010, 176 (1–3): 870–877.

[375] 吴合进，吴鸣，谢茂松 . 增强型电场协助光催化降解有机污染物 [J]. 催化学报 . 2000，5：399–403.

[376] Ishiguro H, Nakano R, Yao Y. Photocatalytic inactivation of bacteriophages by TiO_2–coated glass plates under low–intensity, long–wavelength UV irradiation [J].

Photochemical & Photobiological Sciences, 2011, 10: 1825–1829.

[377] Corazzari I, Livraghi S, Ferrero S. Inactivation of TiO_2 nano–powders for the preparation of photo–stable sunscreens via carbon–based surface modification [J]. Journal of Materials Chemistry, 2012, 22 (36): 19105–19112.

[378] 张博，王明连，王跃 . 光触媒技术在消毒方面的应用 [J]. 中国消毒学杂志，2009，26 (3)：314–315.

[379] Xing Z, Zhang J, Cui J. Recent advances in floating TiO_2–based photocatalysts for environmental application [J]. Applied Catalysis B: Environmental, 2018, 225: 452–467.

[380] Xu J, Liu N, Wu D. Upconversion nanoparticle–assisted payload delivery from TiO_2 under near–infrared light irradiation for bacterial inactivation [J]. ACS Nano, 2019, 14 (1): 337–346.